人工知能とは

人工知能学会 監修

松尾 豊 編著

中島秀之・西田豊明・溝口理一郎・長尾真・堀浩一・浅田稔・松原仁・武田英明・池上高志・山口高平・山川宏・栗原聡 共著

近代科学社

◆ 読者の皆さまへ ◆

平素より，小社の出版物をご愛読くださいまして，まことに有り難うございます.

㈱近代科学社は 1959 年の創立以来，微力ながら出版の立場から科学・工学の発展に寄与すべく尽力してきております．それも，ひとえに皆さまの温かいご支援があってのものと存じ，ここに衷心より御礼申し上げます.

なお，小社では，全出版物に対してHCD（人間中心設計）のコンセプトに基づき，そのユーザビリティを追求しております．本書を通じまして何かお気づきの事柄がございましたら，ぜひ以下の「お問合せ先」までご一報くださいますよう，お願いいたします.

お問合せ先：reader@kindaikagaku.co.jp

なお，本書の制作には，以下が各プロセスに関与いたしました：

・企画：小山 透
・編集：高山哲司，安原悦子
・編集協力：田中幸宏
・組版：高山哲司 + 大日本法令印刷 (InDesign + LaTeX)
・印刷：大日本法令印刷
・製本：大日本法令印刷 (PUR)
・資材管理：大日本法令印刷
・カバー・表紙・扉デザイン：瀧石好司 (©Tezuka Productions)
・広報宣伝・営業：冨髙琢磨，山口幸治，西村知也

はじめに――人工知能とは何か

本書の狙い

本書は、二〇一三年一月から二〇一五年一月の全十三回にわたって、人工知能学会誌『人工知能』に掲載されたものを修正した上でまとめたものです。学会誌では、学会員に対して、さまざまな新しいトピックや異分野のトピックを伝える「レクチャーシリーズ」という連載を行ってきました。例えば、「コンピュータ将棋の技術」、「脳科学」といった具合です。しかし、私が編集委員長だった時期のレクチャーシリーズでは、人工知能が広く社会に認知され広がっていく状況を踏まえて、「人工知能とは何か」という、自らの再定義を試みるようなテーマを企画しました。

実は、人工知能とは何かについては、研究者の中でも明確な定義が定まっておらず、さまざまな考え方があります。これは人工知能の学会員であれば半ば当り前に思えることですが、学会の外にいる人から見ると、このこと自体、異様なことかもしれません。例えば、ロボット学会であれば、ロボットとは何かに関するある程度共通の合意があるでしょうし、日本物理学会や日本経済学会であれば、物理や経済とは何かに関する一般的な理解があり、その思想や方法論に違いはあれど、自分たちが研究している対象がいったい何なのかについては明確な場合がほとんどでしょう。しかし、人工知能学会は違います。研究対象である人工知能とは何かについてすら、一度議論を始めると大論争になってしまう、そんな研究領域なのです。

この本では、日本を代表する十三名の研究者に、人工知能とは何かを自らの視点で語ってもらいました。問い自体は簡単ですが、その答えが驚くほど異なることを、読み進めるにしたがってご理解いただけるのではないかと思います。

ひとつひとつの章では、最初に「人工知能とは何か」という問いとその答えから始めてもらいます。人工知能とは何かを、簡潔で明快に言い切ってもらい、その答えの背景となる考えや根拠を述べてもらいます。こうした形式を取るのは、難しい問いに難しく答えると、結局何を言っているのか、わからなくなることが多いからです。また、答えを言い切ることで、各人のスタンスがより明確になり、研究者同士のバトルも誘発されます。

そして、「人工知能とは何か」という問いの後には、それに引き続く問いを自由に設定して答えてもらいます。その研究者なりの世界観、研究テーマにつながるような思索の過程がうかがい知れることでしょう。同じ問いから出発したはずなのに、そのアプローチや研究テーマは千差万別です。そしてそのどれもが、人工知能を実現するという方向に向かっていて、魅力的で説得力のあるものに思えます。各章で似たような質問が出てきますので、最初から最後まで通しで読むのは少ししんどいかもしれません。そこで本書では少し工夫を施しました。「本書の読み方ガイド」というコーナーを設け、共通で出てくる質問に対して、それぞれの研究者がどのようなスタンスで語っているのかをまとめてあります。これを頭に入れながら、ご自分の興味がある部分を中心に読んでいってもらえればと思います。

この本をとおして読者に知ってほしいのは、「人工知能とは何か」という問いにさまざまな答えがあり得ること、知能とは何か、それを人工的に実現するとはどういうことかを探ることは研究者にとって（あるいは人類にとって）深遠な企図であり、これまでの長年の知能をめぐる研究者たちの思索と試行錯誤の旅があることとです。思い返せば、人工知能の分野ができた約六〇年前から、チューリング[1]、ミンスキー[2]、マッカーシー[3]、サイモン[4]、ニューウェル[5]、ウィノグラード[6]、ラッセル[7]、ファイゲンバウム[8]、ブルックス[9]、ミッチェル[10]、パール[11]、ヒントン[12]など、数多くの巨人がこの問題に挑んできました。同様に日本でも、多くの研究者が人工知能という分野を切り開き、この問題を考えてきました。

いま、世の中は三回目の人工知能ブームを迎えています。メディアに人工知能という言葉を見ない日はないくらい、人工知能というキーワードが飛び交っています。そのこと自体は、決して悪いことではないでしょう。人工知能の技術や可能性が、社会に必要とされているということですから。ブームが去

1 — A. Turing
2 — M. Minsky
3 — J. McCarthy
4 — H. Simon
5 — A. Newell
6 — T. Winograd
7 — S. Russell
8 — E. Feigenbaum
9 — R. Brooks
10 — T. Mitchell
11 — J. Pearl
12 — G. Hinton

るとまた冬の時代が来るのかもしれませんが、持ち上げられることも冷遇されることも、人工知能の研究者はすでに経験しています。そして、多くの人が人工知能に興味を持ち、人工知能技術を使ったシステムが実用化されるのは、研究者にとってもうれしいことです。

しかし、本当に面白いのはそこからです。知能とは何か、それをコンピュータで実現することができるのかという問いは深遠で、決して簡単に答えられるものではありません。これは人間とは何か、世界とは何か、生きるとは何かという問いにも通じる、哲学的な問いをも含んでいます。そして、人工知能の分野は、六〇年もの間、知能とはこうではないか、ああではないかという仮説に従ってさまざまな研究をしてきました。それでもなお、知能とは何かをきちんと理解するにははるかに遠く、その道のりを多くの研究者が続けています。そして、本書に登場する十三名の著者は、人工知能の冬の時代も知能についてずっと考え続け、日本における人工知能研究を支えてきました。

決して、人工知能を軽々しく語るなとか、ブームに乗った人工知能はけしからんとか、そういうことを言いたいわけではありません。人工知能というのは、非常に懐の深い学問領域です。固定した考えや権威を嫌います。新しい考え、異なる考え方をいつでも歓迎します。知能とは何かを考えることが、いかに楽しく、知的な興奮を伴うものであるか、どれほどたくさんの考え方があって、それでもなお一つの分野として共存しているか、人工知能という分野の醍醐味を感じてもらえればと思っています。

世の中の人工知能

本書を読む前に、世の中で言われている人工知能と本書で語られている人工知能の整理をしておきましょう。

人工知能とは、人間のような知能を、コンピュータを使って実現することを目指した技術あるいは研究分野です（この定義すら危ういことは、本書を読み進めることでのちのち明らかになるでしょう）。人工知能はこれまで約六〇年にわたって研究されていますが、その研究の過程で、さまざまなものを生み出してきました。例えば、かな漢字変換、翻訳、検索エンジン、文字認識（ＯＣＲなど）、音声認識、ゲームプログラム（将棋やチェス）、推薦エンジンなどです。これらは、人工知能分野の技術が使われた典型的な例ですが、残念なことに、世の中で使われるようになると、多くの人が人工知能とは言わなくなります。しかし、日常生活の多くのところで人工知能は実際に役に立っているのです。

人工知能というと、ロボットを思い浮かべる人も多いでしょう。ロボットと人工知能は近い分野ですが異なります。ロボットは、身体を持っているというところが大きな特徴です。ロボットの研究者の中には、知能の研究をしたいがゆえにロボットの研究をしている人もいます。しかし、知能の仕組みではなく、制御や機械の部分に興味を持っている人もいます。一方、人工知能の研究者の中にも、知能にとって身体を持つことが必須であると考える人もいます。また、知能にとって身体は必須ではないと考える人もいます。例えば、将棋やチェスなどのゲームをする人工知能を考えると、物理的な身体を持つことは必ずしも必要ではないかもしれません。したがって、ロボットの研究＝人工知能の研究ではありませんが、その一部が重なり合っている関係にあります。

人工知能と聞くと、怖い、恐ろしいという反応をする人もいます。実際、ハリウッド映画では、「ターミネーター」をはじめ多くの映画が、人間の敵となるロボットや人工知能の姿を描いていますから、こういった感覚も理解できます。最近では、「*Her*」、「チャッピー」、「エクス・マキナ」などの映画が人工知能を扱っていますが、必ずしも人間にとっての幸せな世界を描いているわけではありません。しかし、現状の技術のレベルでは、こういった映画に描かれているような人工知能を実現することは不可能です。まず、言語の意味理解、つまり相手がしゃべった言葉の意味をきちんと理解することは非常に難しい問題で、現在の技術ではできません。また、人間のような感情を持つこと、共感すること、心を持つこと、こういったことも今の技術でできるレベルにありません。人間のような、精巧で性能がよく省電力な身体を持つこと、それをうまく制御することも今の技術では不可能です。

もちろん、人工知能が怖い、恐ろしいといった感情に対しては、技術の発展の可能性も含めてきちんと対処していく必要があります。人工知能学会では、倫理委員会を設けて、（今のところ映画に描かれるような世界は全く現実的でないとはいえ）きちんとした情報発信と社会との対話をしていくことを目指しています。

日本の人工知能は、人工知能学会を中心に、情報処理学会、認知科学会、言語処理学会、ロボット学会、電子情報通信学会、ソフトウェア科学会、知能情報ファジィ学会など、関連の学会で研究が進められています。世界では、ＡＡＡＩ（Association for the Advancement of Artificial Intelligence）、ＩＪＣＡＩ（International Joint Conference on Artificial Intelligence）といった組織が中心になって、人工知能の研究が進んでいます（テーマごとに別の国際会議も増えていっています）。日本の人工知能研究は、歴史的には一九八〇年代、第五世代コンピュータの時代に世界でも注目されましたが、世界的な停滞と時を同じくして、その後の冬の時代を迎えました。今後、新しい技術であるディープラーニングなどが引き金となって再度、注目される存在になってほしいと思っています。

最後に、本書の発刊にあたって大変多くの方にお世話になりました。編集作業でお世話になった近代科学社の小山透様、高山哲司様、ライターの田中幸宏様、鉄腕アトムの表紙カバーでご協力いただいた手塚プロダクション、『月刊ヒーローズ』編集部の皆様、株式会社フィールズの大塩忠正様、奥山真司様、デザイナーの瀧石好司様、そして、本書のもとになった学会誌で大変お世話になった人工知能学会の森本悦子様、岩田和秀様はじめ学会関係者の皆様、そして何より、人工知能研究者の皆様方に深く感謝の意を表します。ありがとうございました。

それでは、人工知能とは何か、知能の実現に向けて、いかに多くのアプローチがあるかをご覧いただければと思います。本書が、人工知能をより深く考えたい人に向けた、さまざまなアプローチへの道しるべになれば幸いです。

二〇一六年五月

松尾　豊

目次

本書の読み方ガイド[1]

本書では「人工知能とは何か」という問いをめぐって、十三名の研究者が自分の考えを述べています。読めばわかりますが、ひと口に「人工知能」あるいは「知能」と言っても、それが何を意味するのか、どこまで含めるのかといったことは、研究者によって意見が異なります。哲学的な見方もあれば、物理学的な見方もあります。計算科学的な切り口もあれば、認知科学やネットワーク思考的な切り口もあります。その多様性こそが人工知能研究の面白いところであり、奥深いところでもあります。

ここでは、専門家の間でも意見が分かれる七つのトピックスを取り上げます。誰がどんな関心を持ち、どんな意見を持っているのか。どこまで同じで、どこから違うのか。これから先どこに向かおうとしているのか。あらかじめ論点を押さえておけば、これから本書を読み進める際のヒントとなるはずです。また、各トピックからスタートして、関連するところだけをつまみ読みするのもよいでしょう。

読み方は一通りとは限りません。タテ、ヨコ、ナナメ、さまざまな角度から本書を読みこなすことで、ぜひみなさんにも人工知能の豊穣な世界を体験してほしいと思います。

1 ― このガイドと各章の冒頭に掲載してある枠で囲った紹介文は、松尾豊先生の監修の下、編集協力の田中幸宏が執筆しました。

［トピック1］ 知能とは何か?

「人工知能とは何か」という問いに答えるためには、まず「知能とは何か」を定義しなければならないという意見が多く見られます。そして、知能は生物が生き残るために獲得してきた能力だという意見が多いようです。松原仁先生は「未知の状況に対して（死なない程度に）適切に対応する能力」であり［第7章**問い5**］、どのような状況に対してもそれなりに対応できる汎用性こそ知能の本質だと述べています［第7章**問い6**］。

松尾豊先生は「相手に勝ち、生き残る力」で「外界の予測能力を上げるためにある」［第10章**問い3**］、西田豊明先生は、知能は問題をうまく解く能力、あるいは、そのような能力を身につける学習能力だとしています［第2章❶］。

山川宏先生は広義の知能を、構造を存続させるために負エントロピーを獲得するサイクルとし、狭義の知能は直接観測できない未来の状態、隠されている状態、知識を組み合わせないと到達できない状態や結論を推定する仕組みとしています［第12章**問い1**］。

武田英明先生は、人間の知能には、生物としての知能と、社会的な営みに必要な知能（社会的知能）があり、両者を分けて考えるべきと述べています［第8章**問い2**］。個と集団の知能を分けるべきという意見は他にも見られ、栗原聡先生は、群れ全体としての知能（社会的知能）も含む立場です［第13章**問い1**］。山口高平先生は知能をタスク別に、探索型、知識型、計測型に分けています［第11章**問い2**］。

一方、溝口理一郎先生は、知能はあくまでも個人のものであり、複数の人が協調して問題解決を行うときに問題解決のプロセスが各人に分散するのは自明のことだとしています［第3章**問い10**］。同様に、生物の成長、発達、学習は環境とのインタラクションを通して行われるのは自明のことであって、そこに知能の本質があるということにはならないと述べています［第3章**問い11**］。

【トピック2】人工知能とは何か？

人工知能の定義については、溝口先生の「人工的に作った知的な振舞いをするもの（システム）」［第3章**問い1**］、西田先生の「知能を持つメカ」ないし「心を持つメカ」［第2章❶］、長尾真先生の「人間の頭脳活動を極限までシミュレートする（コンピュータソフトウェア）システム」［第4章**問い1**］あたりが代表的です。

「究極には人間と区別がつかない人工的な知能」を人工知能とする松原先生の理想は、浦沢直樹のリメイク版鉄腕アトムです［第7章**問い1**］。

武田先生は、人工知能の定義は時代によって移り変わることから、人工知能を「コンピュータによって実現の見込みがありそうな人間の知能の一部」としています［第8章**問い2**］。

堀浩一先生は、人工知能研究者が作ったり調べたりするのは、知能そのものだけでなく、知能が機能するための環境を含めた「知能の世界」であることから、「人工的に作る新しい知能の世界」を人工知能としています［第5章**問い1**］。人間の頭脳・身体、道具、問題、答え、データ、情報、知識、知恵、価値、感情、言語、機械のプログラム・身体・ネットワーク、人間のネットワークなどの間の新しい関係を扱えば、何でも人工知能研究に含まれるという立場です［第5章**問い3**］。

浅田稔先生は、我々にとって「知能」という概念は「生物の知能」と一体で、いかなるロボットも、知能を持つなら、その根本原理は生物と共通しているはずだとしています［第6章**問い6**］。

池上高志先生は一歩進んで、知能が進化のプロセスで生まれたものならば、先に人工生命を作れば、その副産物として知能も出現するはずだとしています。脳には神経細胞の発火とシナプス増強・抑制による、随時変化していくパターンが存在するだけで、記号もその操作も存在しないことから、先に記号もラベルもない力学系の知性を作り（現にニューラルネットワークによる知性はラベルを貼らない）、それから記号処理ＡＩを作るのが筋だろうというのが、池上先生の主張です［第9章**問い7**］。

［トピック3］人工知能研究とは何か?

中島秀之先生がまとめているように、知能を研究する学問分野は、「作る」ことに重点を置いた人工知能と、「知る」ことに重点を置いた認知科学に大別されるというのは、ある程度共通した理解のようです。前者は動作原理を追求し、後者は説明原理に基づいています［第1章**問い2**］。浅田先生は、従来の自然科学・人文科学が説明原理に基づいて記述するのに対して、設計原理に基づき、観察と知見を駆使して本質に迫ろうとする人工知能研究は、そのまま構築に直結し、構築物による検証が可能であることが重要だとしています［第6章**問い7**］。

「作る」ことで理解しようとする構成論的アプローチについては、松尾先生の説明がわかりやすくまとまっています。解説者とスポーツ選手、経営学者と経営者、口うるさい客と料理人のように、分析する人と実践する人に分けたときに、後者の立場を取るのが人工知能です［第10章**問い2**］。

栗原先生も人の知能が進化という構成論型のプロセスで獲得されたものである以上、まずは作って動かし、それを分析することを繰り返しつつ目的に向かう「構成論的アプローチ」を基本としながらも、あらかじめ意図した能力を持つ人工知能を作る場合、目的から出発するトップダウン的なアプローチも必要だと述べています［第13章**問い2**］。

長尾先生は、人間の脳を、感覚器官からインプットされた情報を記憶し推論する大脳と、結果を運動器官にアウトプットする小脳、全体をコントロールする脳幹に分けてモデル化したときに、各部分がどのように働き、その結果どのような出力を出すかをコンピュータソフトウェアで実現し、人間の認識や判断・行動に近づけることが、人工知能研究の目指すべき方向性だと述べています［第4章**問い1**］。

山口先生はスタンバーグ[2]の鼎立《ていりつ》理論を援用し、従来のＡＩは「分析知能」の自動化を試みてきているが、今後は「創造知能」、「実践知能」の自動化にチャレンジすることになるとしています［第11章**問い3**］。

2 — R. Sternberg

［トピック４］人工知能に身体性は必要か？

人工知能を実現するのに身体性が必要かについては，専門家の意見も分かれています。ロボットインテリジェンスにこそ知能研究の本質があると主張する浅田先生は，人工物の設計・製作・作動を通じて，従来仮説の検証，新たな知見の発見が期待されるとしています。仮説を検証するためには，身体が不可欠という立場です［第６章**問い11**］。

池上先生は人工生命の立場から，脳は身体運動の結果をあとづけ的に解釈する装置にすぎず，身体から作り出す情動こそが，人の知性を作る可能性があるとしています。人間は進化のたまものであり，人間が認識できる知性を問題にしているのだから，知性とは生命の形質の一部であるというのです［第９章**問い6**］。

五感を含めて相手と応対して人間か人工物か区別がつかないという点にこだわりたいという松原先生にしてみれば，身体性はあって当り前で，実際にロボットを作るほうが人工知能は実現しやすいと信じている一方，シミュレーション技術がさらに進歩すればコンピュータの中に人工知能を実現することも理屈としては不可能ではないとしています［第７章**問い6**］。

生物としての知能と社会的知能を分けるべきという武田先生も，究極的な人工知能は両方を包含したときに完成するとして，その時点では身体は必要だと述べています［第８章**問い15**］。

栗原先生も身体性が必要だという立場ですが，それは制約を課すためで，身体があることで境界が発生し，他と接触するインタラクションが生じるからという理由です［第13章**問い8**］。

一方，松尾先生は「人間が持つのと同じような概念を形成するには必要」と留保をつけていて，囲碁や将棋，ゲームを素材とする限り，身体性は必要ないと述べています［第10章**問い8**］。山川先生も，身体をシステムが外部とつながる情報チャネルの一つとするなら，必ずしも動物やロボットのような身体はいらないという立場です［第12章**問い14**］。

［トピック5］意識とは何か？　心とは何か？

西田先生は最近の脳科学の知見として、「人は物理世界に直接触れていると思っているが、それは脳が創り出した錯覚である。脳は感覚信号と予測を組み合わせることで物理世界のモデルを創り出す。人が知覚するのはこのモデル」と引用し、心も自我も物質として存在するのではなく、脳の上の情報プロセスとして存在するだけだとしています［第2章❼］。堀先生も、心も意識も「もの」として独立に存在するわけではなく、多くの要素間の相互作用の全体的な総体として、「心」に相当すると読み取られる現象が出現すると考えるほうが自然としています［第5章**問い5.5**］。

長尾先生は、意識には複数のレベルがあるが、興味があるのは自己意識で、自分の大脳の働きを知っている（自覚している）という状態が自己意識だと述べています［第4章**問い13**］。自己意識については、松尾先生が中島先生から聞いた話として紹介している部分も参考になります。「脳の中に外界をシミュレートする装置があり、その中に自分もいます。その自分はいま自分のことを考えている、というふうに無限後退が起こります。しかも自分だけがそのシミュレーションにおいて制御可能な変数です」という状況が自己の感覚（自己意識）だというのです［第10章**問い5**］。一方、浅田先生が語るように、意識は無意識下の計算に支えられているがそれに気づかずにいるという見方もあります［第6章**問い15**］。

松原先生は、コンピュータが心を持っていることと、コンピュータがあたかも心を持っているように見えることを区別したがる人がいるが、決して区別はできないと述べています。ロボットがある程度以上に汎用性を持って複雑な挙動を示すようになれば、そのロボットを理解したり行動を予測したりするのに心や意識の存在を仮定したほうが便利になるはずだとしています［第7章**問い10**、**問い11**］。

栗原先生は、神経細胞ネットワークにて創発される現象としつつも、身体を構成する細胞は数か月ですべて入れ替わるにもかかわらず「自分」という一貫した意識を持ち続けるのは、お互いに社会的存在として他者との関係性を持続するために必要だとしています［第13章**問い4**］。

【トピック6】 知識とは何か?

長尾先生によれば、類似の情報が近くに局在するように記憶され、全体が抽象化されると「知識」となり［第4章**問い4**］、その知識を増やし、「認識→判断→行動」というサイクルを強化するのが「学習」です［第4章**問い7**］。

栗原先生は、知識を脳の活動における脳神経細胞ネットワークのさまざまな興奮のパターンが最終的に顕在意識化し、言葉として登場する仕組みであり、これまでの人生におけるさまざまな経験や思い出が顕在意識として想起されるとしています［第13章**問い6**］。

社会的知能の実現を目指す武田先生にとって、知識とは、人間の社会的活動（人間同士のインタラクション、社会における人間の振舞い）と社会（人間の社会的活動によって作られる環境）を結びつける手段であり［第8章**問い6**］、歴史的活動の産物であって、人間はそれを学ぶことで社会的知能を身につけます［第8章**問い7**］。

山口先生は、知識を記述する試みはエキスパートシステムなどを通じて長らく行われてきたが、暗黙的で主観的な知識を外在化させることがそもそも難しく（知識獲得ボトルネック）、それを維持・拡張していくには多大なコストがかかる（知識維持ボトルネック）ため、大きな壁にぶつかったとしています［第11章**問い5**］。

溝口先生は、知能は能力に直接関連する概念なのに対して、知識は後天的に獲得されたデータのようなもので、どのようにこじつけても能力にはならないと述べています。知識は知能世界では継子のようなものかもしれないが、知識がなければ知能が発揮されないのも事実。ある領域（ドメイン）に固有の知識は本質的に一般性を持てないために、研究の対象にはなりにくいという問題を抱えていますが［**問い16**］、そうした一般性の壁を越えるために登場したのがオントロジー工学というわけです［**問い17**］。

[トピック7] スーパー知能と技術的特異点（シンギュラリティ）について

特定の分野に限って言えば、人間の能力を超えたスーパー知能はすでに実現しています。スーパー知能を「個」の人間の知能を超える知能と定義するなら、社会的人工知能はそれ自身スーパー知能であり、社会における知能が既存の知能を超えるという定義であっても、インターネット型集合知はすでに一部の能力においては超えているというのが武田先生の立場です［第8章**問い14**］。

堀先生は、技術的特異点は避けられないとしています。あまり知性を感じさせないグーグル検索でさえ、すでにある種のオラクル（神託）の役割を果たしており、シンギュラリティまで行かずとも、グーグル検索とワトソンとシリを組み合わせただけで、相当に怖い世界が出現する可能性があると述べています［第5章**問い6**］。そこで、スーパーインテリジェンスから創発的に生まれるかもしれない心が人間に望ましくないものにならないようにするために、今のうちに全世界の人工知能研究者が協力して、スーパーインテリジェンスの作り方の指針を定めておくことを提案しています。非線形の複雑系だから予期せぬ現象が起きることはあっても、問題が起きたときに対処しやすいように作っておくことに意味はあるという立場です［第5章**問い6**］。

それに対して、長尾先生は、世界には悪があり、どんなに防御的な配慮をしてもそれをくぐり抜けて悪をなす者がいるという事実がある限り、人工知能が暴走する可能性を否定できないと述べています［第5章むすびにかえて］。

汎用的な人工知能の実現を妨げる理由がないのと同様に、技術的特異点が訪れることを否定する理由はないとする松原先生は、人間を凌駕する超知能とどうつき合っていくか、今のうちから考えておく必要があると述べています。最新の科学技術のほとんどがそうであるように、悪い目的に使われるとひどいことになるというわけです。西欧のSFで超知能が人間と敵対して描かれるのは、この世のボスとして君臨してきた人類がボスの座を奪われることへの恐怖が原因だとしています［第7章**問い16**］。

西田先生は、人間を滅ぼすところまではいかなくても、スーパー知能にはダークサイドがあるとして、人間が悪用する可能性や、スーパー知能がすることに対して誰が責任を取るのかという問題、さらに、人間がスーパー知能に任せきりになって、他者を思いやったり自分の役割について考えるなどの機会を失いがちになる問題、スーパー知能に過度に依存して、それなしでは生きていけなくなるといった問題を指摘しています［第2章❹］。技術的特異点は人工知能が人間を滅ぼすというような劇的な形ではなく、人間が描いた理想に人間が縛られて、羽目を外せなくなり、人間らしく生きているという感覚が薄れていくのではないかという懸念を示しています［第2章❺］。

一方、栗原先生は、人工知能が取って代わるタスクは人間にとっても面倒なものであって、人間は創造すること、選択することに集中でき、人とＡＩは共生関係になると述べています。そして、進化するのはＡＩだけでなく人間もまた進化するとまとめています［第13章**問い11**］。山川先生は、人を超えた人工知能が人類と共存し、人類とともに生態系を築く社会を描いています［第12章**問い16**］。

第1章 構成的学問としての人工知能

公立はこだて未来大学の前学長・中島秀之先生は、人工知能研究が冬の時代を迎えたときから圧倒的なカリスマ性で日本の研究をけん引してきた立役者の一人。日本認知科学会の元会長でもあり、二〇一五年に『知能の物語』を上梓《じょうし》したばかりの中島先生は、知能を解明する学問を、知能を「作る」ことを目指す人工知能と、知能を「知る」ことを目指す認知科学に分け、人工知能研究は知能が働く仕組みを生み出そうとする工学的アプローチだととらえています［**問い2**］。

では、その知能とは何かというと、①環境に適応し自己を保存する能力（食物のある場所に移動するアメーバ）、②環境を自己に有利に変更する能力（ダムを作るビーバー）、③学習能力（迷路を覚えるネズミ）、④未来予測能力、⑤伝達能力（食物のありかを伝えるミツバチやアリ）、⑥抽象的記号操作を行う能力、という六つの能力の総体だと考えられます［**問い6**］。このうち、コンピュータでも実現できるのはどれとどれかを考えると、人工知能に何ができて何ができないのかが見えてきます。

カーツワイルの言うように、二〇四五年頃に「シンギュラリティ（技術的特異点）」に達してコンピュータは人間の知能を超えるのか。まだ研究すべきことがたくさんあると、中島先生は締めくくっています。

構成的学問としての人工知能

中島　秀之

はじめに

本書は人工知能学会誌「レクチャーシリーズ――人工知能とは何か」の読者層を人工知能学会員ではない一般の人にまで広げて改訂したものです。しかしながら、元の「問い」と「答え」の部分だけはそのまま残しておきたいと思います。

私の原稿［中島 13］が掲載されたのは二〇一三年の一号ですから、もう三年以上前のことになります。その間に『知能の物語』［中島 15］を出版しました。そこにも、この原稿と重なる内容が書かれていますので随時参照しながら話を進めていきたいと思います。

また、私の原稿の掲載はシリーズの最初であったため、その後の著者の人たちが参照して、書きたい放題を書いてくれています。それらに逐一答えたり反論したりしようとは思いませんが、この改定を機にいくつかの異なる見解との関係を議論して、私の見解を補足あるいは深化させておきたいと思います。

人工知能の研究

問い1　人工知能とは何ですか？

答え1　人工的に作られた、知能を持つ実体です。

本書第5章で堀がこの再帰的定義を問題にしています。「知能」の定義に「知能」を使うのは、通常は反則なのでしょうね。辞典の項目だったらボツでしょう。でも、「知能」とは何かがわからないので研究しているわけです（次の**問い2**を参照願います）。「知能」を別の言葉で説明できるようになるのが目標です。

最近では映画やドラマで〝人工知能を装備した〟機械やロボットの活躍を見ることが多くなりました。「ＡＩ」という、鉄腕アトムの筋をまねた映画も作られました。ＡＩとは言うまでもなく、人工知能のもととなっている英語の「artificial intelligence」のことです。警備システムなどのようにビル全体が知能化されている場合もあります。いずれにしても「人工知能」というのは人工的に作られた、知能を持つ実体を指しているとしか言いようがありません。「実体」のところを「システム」（溝口・本書第3章、長尾・第4章、池上・第9章）とか「世界」（堀・第5章）と書いている人もいます。「システム」は実体を抽象化した見方、「世界」は一見広そうに思えますが、よくよく考えてみると「実体」と同じだと思います。

「実体無き知能は存在するか」という問いは哲学的にも面白そうなので、考えてみてもよいかもしれません。

問い2　人工知能研究とは何ですか？
答え2　知能は機械であるという立場に立ち、動作原理を追求することによって心の働きを解明するものです。

知能を研究する分野としての人工知能に関して、教科書や本書の他の章にさまざまな異なる定義が示されていますが、（池上を除くと）共通項はおおむね以下の二点に絞ることができると思います。

◉　知能の解明を目的とする学問分野
◉　知的な振舞いをするプログラムの構築を目的とする学問分野

池上（本書第9章）は人工生命の研究者ですから、知能よりは生命現象に興味を持っているように思います。生命現象でなくとも「面白い」現象であれば何でもよいのかもしれません。面白いというのは研究者にとって大変大事なことで、何を面白いと思うかでその人のセンスがわかりますし、センスの悪い人は良い研究者にはなれません（誤解されると困るので、念のために書いておきますが、私は池上を良い研究者だと思っています）。

知能を研究する学問分野には人工知能の他に認知科学があります。「認知科学における世界で最初のハンドブック」である『認知科学ハンドブック』［安西 92］によると認知科学とは、

心（あるいはそれに代表される認知系）の総合的探求

となっています。

『広辞苑』には「こころ」の語源として以下のような面白いことが書いてあります。

禽獣などの臓腑のすがたを見て、コル（凝）またはココルといったのが語源か。転じて、人間の内臓の通称となり、さらに精神の意味に進んだ。

「意味」のほうは、

人間の精神作用のもとになるもの。また、その作用。知識・感情・意思の総体。

となっています。

人工知能や認知科学はこのような、「心」の働きを解明しようとしているわけです。両者の違いは、人工知能が「作る」ことに重点を置くのに対し、認知科学は「知る」ことに重点を置いていることでしょうか。人工知能は認知科学と目的は同じだが、方法論を限定した一分野であるという考え方も成り立ちます（このあたりは［中島 15］の1・4節でもう少し詳しく議論しています）。

ここでは、知能は機械（ただし、大変良くできた機械）であるという立場に立って、さまざまな問題

の工学的分析を試みます。「工学」というと、何でもよいから動くもの、あるいは人間の役に立つものを作るのだという認識があるかもしれませんが、ここでの「工学」とは「動作原理」を追求するという意味において、「説明原理」を追求する科学と対峙されるものです[中島01][中島08]。

　説明原理とは、ある現象がなぜ起こるのか？どういう仕組みになっているのか？という疑問に答えてくれるものです。科学は（したがって、ある意味で認知科学も部分的には）この良いお手本です。ニュートン[1]の万有引力の法則を例に考えてみましょう。この法則を用いて惑星の軌道やロケットの弾道などを計算し予測することができます。しかし、この法則を用いても引力を生み出すことはできません。動作原理とはそのような引力を生み出すことのできる仕組み（まだない）のことで、これは工学に属するわけです。もちろん、両者の境界は厳密ではありません。引力にしても、重い物体を持ってくれば生み出せるという程度なら科学でわかります。

　したがって、ここで考える人工知能は、役に立つ人工知能（人間の知的活動を支援、増幅するという意味でＡＩを逆につづってＩＡ（intelligence amplifier）と呼ぶ人もいます）とは一線を画するものであることを強調しておきたいと思います。鳥を研究するのか、飛行機を作るのかという分け方をした場合には、あくまで鳥を研究するという立場で考えています。鳥を記述しただけではだめで、鳥を作ろうという趣旨です。まあ、それが飛行機の形になってしまうのは仕方がないとしても、最初から飛行機を目指しているのでもなければ、ましてや鳥の飛行補助装置を作ろうとしているのでは決してないということです。もちろん、そのような試みが間違っているというつもりは毛頭ありません。ＩＡを作るのは重要な研究です。ただ、それは「知能」の研究としての人工知能とは異なるものであると言っているだけです。

問い３　知能の実現には何が必要ですか？

答え３　難しいですね。パターンを想起し、そのシーケンスに沿って未来を予測する能力を実現することは重要な鍵でしょう。

1 — I. Newton

私は長い間、人工知能の研究をしてきましたが、研究すればするほど人間が遠のいていく気がしています。人間の知能、いやそもそも生物の知能について理解すればするほど、それがいかに巧妙にできているかがわかり、機械でなどとてもまねができないように思えてきます。

このような感覚を持った人は多いのだと思いますが、そこから先は人さまざまです：一見とてつもないように見える人間の知能ですが、その原理は案外簡単なところにあると考え、ぜひともそれを実現しようとする人たち。もう一方で、人間のような高度の知能は決して人工的には実現できないと言いきってしまう人たち。前者は工学者に、後者は哲学者に多いように思います。

知能の実現を試みる工学者の一人にホーキンス[2]がいます。しかし、彼は現在のコンピュータでは知能の実現は不可能であり、全く異なったハードウェアが必要であると主張しています[HB 04]。少しホーキンスの主張を追ってみたいと思います。

2 — J. Hawkins

◉ **新皮質はパターンのシーケンスを記憶する**

パターンというのは情景のスナップショットや、音楽の特定のフレーズのことです。あるパターンの想起が次のパターンの想起を促します。そうやってパターンを順に思い出すことができます。音楽や詩の記憶がその典型例です。頭から順にたどることは容易でも、突然途中から思い出すことは難しいものです。

◉ **新皮質はパターンを自己連想的に呼び戻す**

自己連想というのは、パターンの一部から全体が復元できるということです。よく知っている形の一部からその全体を思い出すことができる能力がそれです。車が好きな人はフロントグリルを見ただけで全体の形を思い起こせます。

◉ **新皮質はパターンを普遍の表現で記憶する**

パターンの表現は、視覚であるとか聴覚であるといった入力のモダリティによらず、すべてのパターンに普遍の表現を持っているはずだという主張です。それによって、音から色へといったモダリティを超えた記憶や連想が可能になるのです。

◉ 新皮質はパターンを階層的に記憶する

パターンは階層的です。音楽を例にとれば、個々の音、フレーズ、曲の全体という階層があります。人の顔なら、目や鼻といった部品と顔全体の階層[3]があります。これらの階層間のトップダウン（全体から部分へ）、ボトムアップ（部分から全体へ）両方向の想起が可能になっています。

ホーキンスはこれらの点に立脚し、知能の本質とは予測にあるとしています。過去に経験した、似たパターンを想起し、そのシーケンスに沿って未来を予測する能力の有無こそが、新皮質を持つ動物とそうでない動物を分けていると考えることができます。新皮質を持たず、予測のできない動物は環境の変化に機械的に反応することしかできませんが、未来を予測し、それを避けることができるのが知能の働きの重要な側面です。

意識の謎

問い４　意識とは何ですか?
答え４　意識は計算のプロセスです。

イーガン[4]の『順列都市』[Ega 99]というＳＦに興味深いことが書かれています。これは人間の脳の活動パターンをコンピュータシミュレーションで置き換えることができるようになった未来の話です。肉体を捨て、コンピュータ内に移住することによって永遠の生命が得られるわけです。ただし、このサービスは有償です。生きていたときにあまりお金を持っていなかった人はＣＰＵ時間があまり買えなくて、タイムシェアリング（計算時間を他の人と分け合う）方式で、ＣＰＵが空いている時間にゆっくり

3 — パターンの階層表現において顔の層では目や鼻の位置などが表現されていますが、それらの個々の詳細は表現されていません。記号表現では目や鼻へのリンクとして表現されますが、パターン表現でこれらをどう扱うかは興味のあるところです。

4 — G. Egan

とシミュレートされることになります。例えば、一〇秒分の計算を行ったら、一時間後に次の一〇秒分の計算を続けるといった具合です。外から見れば、シミュレーションが止まっている間は本人の意識は変化しない（何か話しかけても返事がない）のですが、シミュレートされている側の意識はこの時間が飛んでいるということがわかりません。つまり、いくらゆっくり計算しても、本人にとっては計算が停止している間の自覚がないわけです。だとしたら、シミュレーションの順序を入れ替えると意識はどうなるかという実験が小説の中で行われます。つまり、通常のシミュレーションは時間軸に沿って行われるのですが、先に未来の状態を計算し、その後で現在の状態を計算した場合に、シミュレートされている人間の意識は順序が逆転するのでしょうか？

小説の中では順序を入れ替えても、シミュレートされている人間には意識されないことになっています。つまり、通常の順序で時間の経過が意識されるのです。面白いですよね。現実時刻Tに10時10分の経験をし、Tの一時間後に10時09分の経験をしているにもかかわらず、主観的にはこの逆順だというのです。これに近い議論は［前野 10］にもあります。前野は意識というのは単なるモニタで経験の順序を適当に入れ替えてつじつま合わせをしていると主張しています。

しかし、私は、そのような順序を入れ替えた計算は原理的に不可能であると考えます。理由は二つあります。一つ目の理由は、意識がホーキンスの言うようにパターンのシーケンスなのだとしたら、そのシーケンスを飛ばして次を計算することは不可能です。なぜなら一つ前の状態が次を決めるからです。もう一つの理由は、脳の働きが複雑系であるとしたら、これもやはり逐次計算しかできないことです。単純な差分方程式でもカオスが生まれることは知られていますが、その差分方程式は解析的には解けず、逐次計算するしか次の状態を知る方法がないのです。一万ステップ先の状態を知るには一万ステップを逐次たどるしか手段がないのです。

問い5　自由意志はありますか？

答え5　自分の行動をモニタする機能は知能にとって重要です。何か泥沼的状況に陥

ったときに、それに気づき、そこから抜け出す必要があります。気づくのがモニタの機能で、抜け出すのが自由意志です。[5]

意識は単なるモニタであり、能動的機能はないという考え方（[前野 10]など）もありますし、自由意志の源という考え方もあります。現状では我々は答えを持っていませんが、私は意識は自由意志の源だと考えています。問題解決において、ゴールに向かって猪突猛進するだけでは解決できないことがあります。ときには遠回りする必要があります。この遠回りということは[中島 15]でも議論しているように、なかなか難しい問題なのです。無制限の遠回りを許してしまうと探索範囲が無限に広がってしまいますし、現実問題として有限の時間で問題が解決できません。このような場合に広くまわりを見渡して判断する、そしてその後の行動を変えるという機能は自由意志を持たなければならないと思います。

マクダーモット[6]（[McD 01]pp.96–99）は全く別の面白い考え方を述べているので紹介しておきます。自由意志は実際には存在しないが、問題解決には自由意志を持つと「思うこと」が必要であると述べています。彼は例として、ロボットRが、自分の隣に爆弾がある場合の行動について、世界のモデルを内に持ちながらプランニングしている場面を示しています。このモデルの中には部屋や爆弾のほかにR自身も含まれます。自分自身の心の作用が機械的だとすると、それがどのような結論を出すかを知るために自分の思考や知識を計算しなければなりません。そうすると、その中には再び自分のモデルが再帰的に含まれているわけですからこれを計算する必要が出てきて、無限後退となってしまいます。これを避けるために、自分のモデルは機械的ではなく、何でも考えられる（自由意志を持つ）という特異点として扱ってしまうことにより、そこで計算を止めることができます。自由意志は問題解決を計算可能にするための方便だという考え方です（私は、このプランニングしている機能自体が自由意志ではないかとも思うのですが……）。

5 — 元の論文では「わからない」としていたところですが、書いてみました。

6 — D. McDermott

知能の分類

問い６　知能とは何ですか？
答え６　以下の能力の総体です：環境に適応し自己を保存する能力，環境を自己に有利に変更する能力，学習能力，未来予測能力，伝達能力，抽象的記号操作を行う能力。

知能とは何か？　これにはさまざまな立場があり，完全に定義された概念ではありません（だからこそ探求するのですが）。我々人間には，知能があると考えられています。そして路傍の石などの無機物には知能がないと考えられます。では，知能は人間のみに与えられた能力でしょうか？　そうではありませんよね。犬や猫にも，人間には劣るがそれでも立派に知能はあると考えたほうがよいでしょう。少し前に話題になることが多かったチンパンジーのアイちゃんは記号が使えるし，数も数えられることがわかっています。

最低線の知能を持った動物とは何でしょうか？　人間に知能があることは間違いありません。我々が人間の持つこの特性を知能と名づけたのですから。類人猿にも，その名のとおり，人間に類似した知能が（限定された形ではありますが）あると考えられています。では，ずっと下がって魚には知能があるでしょうか？　昆虫には？　アメーバには？　実は，きっちりとした線を引くことは困難であると考えています。

ここでは，ちょっと別の角度から考えてみましょう。知能とは以下のような能力の総体だと考えてみるのです：

- ◉ 環境に適応し自己を保存する能力
- ◉ 環境を自己に有利に変更する能力

◉ 学習能力
◉ 未来予測能力
◉ 伝達能力
◉ 抽象的記号操作を行う能力

例えば、アメーバは周囲の環境に反応し、食物の多いほうに移動することができます。これは、食物があれば食べるという単なる反応ではなく、食物のある場所をある意味で予測して行動しているというように考えることも可能です。この予測能力は、進化の過程でアメーバのＤＮＡに組み込まれたものであり、学習や推論によって変更することはできないので、あまり高度な知能とは言えませんが、それでも知能の一側面として「環境に適応し自己を保存する能力」を持っていると言わざるを得ないでしょう。

木村[木村 02]は記憶の存在が意識（心）の起源だとしています。彼は記憶を三種類に分類しています。

◉ 遺伝子による固定され、変更できない記憶
◉ 刷込みのような、書込みのみの記憶
◉ 通常の読み書きのできる記憶

この、第一レベルの記憶はアメーバにもあるということになります。遺伝子の記憶は長い進化の過程で刻み込まれていくのです。

刷込みの典型的な例は、ヒナが生まれて初めて見たものを親だと思うというような現象です[Lor 52]。私はこの能力は遺伝子の節約（親の特徴を遺伝子に記録するより、この能力を遺伝子に組み込むほうが遺伝子の量が少なくてすむ）だと思っています。刷込み能力は他の記憶能力と共有できるから、少ない遺伝子で実現できるはずです。また、環境の変化にも強いのです。親の顔を遺伝子に記録する方法では

生物が進化して親の外見などが変化したときに、いちいちその情報を書き換えねばなりません。

「環境に適応し自己を保存する能力」に加え、「環境を自己に有利に変更する能力」を持っていればベターです。人間は家を建てて寒さ・暑さや雨から身を守ることができるだけでなく、ダムを作り植林をし、自分に都合のよいように環境を変更（「破壊」と呼ぶ人もいますが）する能力を持っています。しかし、環境を変えるのは人間だけではありません。ビーバーもダムを作りますし、鳥のように巣を作る動物は多いのです。巣を作ることに関しては昆虫やミミズあたりからこの知能を持っていると言えます。[7]

昆虫はあらかじめ決められたプログラム（遺伝子のコード）を再現しているだけでしょう。新しい巣の作り方を考案したり、他の動物の巣の作り方をまねたりはできないと考えられます（少なくともそのような事例は報告されていません）。つまり、昆虫には発見したり学習（「通常の読み書きのできる記憶」）したりする能力がないのです。なお、哺乳類はネズミでも迷路の学習能力を持っていることが実験で示されています（実際、この実験は一世代前の心理学の中心課題のようなものでした）。

「未来予測能力」はホーキンス[HB 04]が知能の中心に据えた能力です。この予測能力が最も重要であるということには私も賛成です。過去の経験から未来の危険を予測できることによって、生き残る能力が格段に増大します。

自分が学習したことを仲間に伝達する能力も必要です。広い意味での言語です。人間（言葉）の他に、ミツバチやアリもこうした能力を持っています。人間は言葉という「抽象的記号操作を行う能力」を持っていますが、この能力はコンピュータにもあります。人間の場合、この言語能力は「予測能力」の延長線上にあると考えてもよいかもしれません。過去の経験の直接的延長ではないような事態に対し、さまざまな記憶の要素を組み合わせ、その結果を推論する能力がやがて記号操作へと発展したと考えることは自然でしょう。

7 — ブルックス（R. Brooks）たちは、昆虫型ロボットと呼ばれ、環境に素早く反応するロボット（ルンバという掃除機として製品化もされています）を作っていますが、これは巣を作らないのでアメーバ程度の知能と考えたほうがよいかもしれません。

問い7　人工知能研究にはどういう立場がありますか？　あなたはどの立場ですか？

答え7　以下の三つの立場があります：知能の本質は記号処理にある、知能の本質は環境認識にある、知能の本質は環境との相互作用にある。私は三番目の立場です。

人工知能研究者の間で考えられている知能という機能の本質とは何でしょうか？これに関しては大まかに分けて以下の三つの立場や考え方があります。

一、**知能の本質は記号処理にある**

これは人工知能という分野の創始者たち（ニューウェル[8]、サイモン[9]、ミンスキー[10]、マッカーシー[11]ら）が取った立場です。「物理記号システム仮説」とも呼ばれています。それを受けて初期の人工知能研究は、知識の表現と推論が中心的研究課題でした。機械翻訳も比較的早期に可能になると考えられていました。しかしながら、この方向の研究はフレーム問題[MHM 90][松原 90]などのさまざまな壁に突き当たり、現在では記号処理〈だけで〉知能が実現できると考えている研究者は少ないでしょう。しかしながら、記号処理を中心としない高度な知能が考えられないのも事実です。

二、**知能の本質は環境認識にある**

これは環境の生データを記号に分類（分節化）することこそが知能の本質であるとする立場です。記号主義とパターン主義は人工知能の方法論の双璧をなす考え方ですが、パターンの処理がより重要であるとする考え方です。画像認識などはかなり実用化される分野（郵便の宛名の読取りも昔は人工知能の課題でした）も出てきていますが、まだ人間の能力とはかなりの開きがあります。最近盛んになっているディープラーニング（深層学習：deep learning）[神嶌 13]もこの分野で成果を挙げています。

三、**知能の本質は環境との相互作用にある**

8 — A. Newell
9 — H. Simon
10 — M. Minsky
11 — J. McCarthy

前記の二つは、知的システムを外界と区別し、システムの内部の機構について論じるものでしたが、これは、そのような境界分けは無意味あるいは不可能とする立場です。オートポイエシス[MV 80]に代表されるように、環境を含む系としてとらえたり、あるいは、環境とシステムの相互作用の中に知能の本質を見たりしようとするものです。

これらの立場は、ほぼこの順で発展し、研究者に受け入れられてきました。[中島 15]（特に第8章「環境と知能」）はこの第三の立場を中心に書きました。

問い8　コンピュータは考えられるのですか?

答え8　「考える」という概念を拡張しなければ、答えられません。

「機械は考えられるか?」と質問することは、ちょうど「潜水艦は泳げるか?」と質問するようなものだ　――ダイクストラ[12]

機械は考えるか?という問いに対して人工知能の立場から考察したいと思います。「考える」という述語は人間あるいは少なくとも高等な生物に対して定義されてきた言葉です。それをドメインの外の、機械に対して適用するためには何らかの拡張が必要です。ちょうど「泳ぐ」という言葉を拡張しなければ潜水艦には適用できないように。

では、「考える」という言葉の拡張定義を示すことができるかというと、事はそう簡単でもなさそうです。例として、有名なチューリングテスト（チューリング[13]の原著論文が[HD 85]に収録されています）を考えてみましょう。

チューリングは、「考える」と、ほとんど同義語としての「知能を持つ」という言葉に対して半ば客観的な（?）定義を示しました。これは、簡単に言うと、次のようなものです。判定者の前にテレタイプ（現代ふうに言えばコンピュータのチャットシステムのようなものです）を二台用意します。一台は

12 — E. Dijkstra

13 — A. Turing

別（三台目）の見えないところにあるテレタイプにつながっており、人間が座っています。もう一台はコンピュータに接続されています。このコンピュータのプログラムは人間の反応をシミュレートするようにできています。判定者は二台のテレタイプを使ってさまざまな会話を試みます。そして、この二台のテレタイプのどちらが人間でどちらがコンピュータかわからなければ、このコンピュータプログラムは人間と同様の知能を持っていると言ってよいというものです。

チューリングテストでは判定者はどんな質問をしてもかまいません。詩を作らせてもよいし、文学作品の感想を聞いてもかまいません。プログラムのほうも、人間をまねるためにあらゆる努力をします。例えば、計算問題に関しては、コンピュータは即時に答えを出せるのですが、それではコンピュータだとバレるので、わざと時間をかけたり、時々計算を間違えたりするのです。

ありとあらゆることが可能ですが、テレタイプによる文字交信に限定されているところがみそです。そうでなければ見かけや行動能力が効いてきますから。自分そっくりのロボットを作った石黒[石黒 11]は、見かけで人間をだますことを目的の一つとしており、トータルチューリングテストを提唱しています。

ディック[14]の『アンドロイドは電気羊の夢を見るか』の映画版である「ブレードランナー」には、このチューリングテストをアンドロイドに対して行うシーンがあります。

このような、純粋に知能や思考を取り出して議論する試みにもかかわらず、議論は一向に収まりそうにありません。ただ、昔は哲学者を中心に機械は知能を持てないという議論が多かった（[中島 15]第7章「チューリングテスト再考」参照）のですが、最近では映画「トランセンデンス」の影響もあって、逆に人工知能が人間を超えることを心配する人が増えているように思えます。

私は、機械は考えられると思っていますが、それは人間とは若干異なる思考になるとも思っています。特に身体性に関わる部分は構造が異なるわけですから、痛みや味といった感覚は人間だけのものになるでしょう。

14 — P. Dick

おわりに

人工知能の研究はコンピュータとともに始まり、コンピュータとともに発展してきました。特に、コンピュータが高速化し、インターネットができたことにより、研究の方法や方向性も変わってきました。コンピュータ囲碁の世界では最近、モンテカルロ法により、確率計算で着手を選ぶ方法が台頭してきました。私が研究を始めた頃の遅いスパコン（当時のスパコンは現在のパソコンより遅かったのです）では考えもしなかったことです。

ここ数年で人工知能研究が目覚ましく進歩した理由は、このコンピュータのハードウェアの高速化にあります。ハードは二年で倍の速度になっていくという「ムーアの法則」があります。二〇年で千倍速くなるということです。この調子でコンピュータが速くなっていけば二〇四五年頃に人間の知能を追い越すであろうと予測したのがカーツワイル[15][Kur 07]です。

私は、カーツワイルの予測には懐疑的で、まだまだ研究すべきことが残っていると考えています。特に、人間が状況に同調し、それを利用する能力は驚異的で、フレーム問題があるにもかかわらず、そのようなものは関係ないがごとき振舞いをしています。『知能の物語』[中島 15]の主題はそこにあります。

15 — R. Kurzweil

参考文献

[安西 92]　安西祐一郎，石崎俊，大津由紀雄，波多野誼余夫，溝口文雄 編，『認知科学ハンドブック』，共立出版 (1992)

[Ega 99]　G. イーガン 著，山岸真 訳，『順列都市』，早川書房 (1999)

［HB 04］ Hawkins, J. and Blakeslee, S., *On Intelligence* Times Books (2004)；伊藤文英 訳，『考える脳 考えるコンピュータ』，ランダムハウス講談社 (2005)

［HD 85］ Hofstadter, D.R. and Dennett, D.C., *The Mind's* { I}, Bantam Dell Pub Group (1985)；坂本百大 監訳，『マインズ◎アイ』，TBS ブリタニカ (1992)

［石黒 11］ 石黒浩，アンドロイドによるトータルチューリングテストの可能性，『人工知能学会誌』，Vol.26, No.1, pp.50–62 (2011)

［神嶌 13］ 神嶌敏弘，松尾豊 編，連続解説「deep learning（深層学習）」，『人工知能学会誌』，Vol.28, No.3–Vol.29, No.4, までの 7 回連載 (2013–2014)

［木村 02］ 木村清一郎，『心の起源』，中公新書 (1659, 2002)

［Kur 07］ R. カーツワイル 著，小野木明恵，野中香方子，福田実 共訳，『ポスト・ヒューマン誕生——コンピュータが人類の知性を超えるとき』，日本放送出版協会 (2007); [Kindle 版]『シンギュラリティは近い——人類が生命を超越するとき』

［Lor 52］ Lorenz, K.Z., *King Solomon's Ring*, Methuen and Co., Ltd.(1952)；日高敏隆 訳，『ソロモンの指環—動物行動学入門』，早川書房 (1987)（Kindle 版あり）

［前野 10］ 前野隆司，『脳はなぜ「心」を作ったのか』，筑摩書房（ちくま文庫）(2010)

［松原 90］ 松原仁，フレーム問題をどうとらえるか，『認知科学の発展』，Vol.2, pp.155–187, 講談社サイエンティフィック (1990)

［MHM 90］ J. マッカーシー，P. ヘイズ 著，松原仁 訳，『人工知能になぜ哲学が必要か』，哲学書房 (1990)

［McD 01］ McDermott, D.V., *Mind and Mechanism*, MIT Press (2001)

［MV 80］ Maturana, H.R. and Varela, F.J., *Autopoiesis and Cognition: the realization of the living*, D Reidel Pub Co. (1980)；河本英夫 訳，『オートポイエーシス』，国文社 (1991)

［中島 01］ 中島秀之，科学・工学・知能・複雑系——日本の科学をめざして，『科学』，Vol.71, No.4/5, pp.620–622 (2001)

［中島 08］ 中島秀之，構成的研究の方法論と学問体系，『*Synthesiology*』, Vol.1, No.4, pp.94–102 (2008)

［中島 13］ 中島秀之，レクチャーシリーズ：「人工知能とは」〔第 1 回〕人工知能とは，『人工知能学会誌』，Vol.28, No.1, pp.139–143 (2013)

［中島 15］ 中島秀之，『知能の物語』，公立はこだて未来大出版会 (2015)

京都大学大学院情報学研究科の西田豊明先生の専門は、会話情報学。会話という人間同士の間の最も根源的なコミュニケーション様式を理解し、人工知能が会話に参加し会話の場に貢献できるようにデザインすることで、人間同士および人間と人工知能の間の新しい協調のあり方を探っています。人工知能を「知能を持つメカ」ないし「心を持つメカ」と定義する（❶）西田先生の関心は、人間と人工知能との相互作用によってどんな世界が実現するかに向かいます。

問題をうまく解く能力である「知能」については、囲碁やクイズなど、すでに限られた範囲では人間を上回る「スーパー知能」が存在し、人間との共同作業が始まっています（❹）。スーパー知能にはダークサイドがあるとしながらも、技術的特異点については、スーパー知能が人間を滅ぼしたり、〝ビッグブラザー〟が社会を監視したりするのではなく、人間が作り出した理想郷がかえって自分たちの行動を縛ることになるのではないかとしています（❺）。

自己を認識し、他者を認識・尊重する能力である「心」については、ディズニーのおとぎの国のような世界を作り、人も人工知能もそこの住民となることで、相互関係を築いていくことが発端になると述べています（❽）。現実世界にゲーム感覚を持ち込むゲーミフィケーションのように、人間の生活空間がメディア世界に移っていくことで、高度な自律キャラクターが実現するというのです（❾）。

人工知能　知能と心の現象のコンピュータ上での再現を目指して

西田　豊明

人工知能って何？（❶）

人工知能研究では、コンピュータを使って「知能を持つメカ」ないしは「心を持つメカ」の実現に取り組んできました。

問い　「メカ」とは？

答え　ここでは、「人工的に作り出した仕掛け」という意味で使っています。「人工物」あるいは「人工システム」と言い換えてもほぼ同じ意味です。センサーによって情報を取得し、いろいろな作業をするロボットのようなものを指しますが、伝統的にはコンピュータプログラムだけで「身体」を持たない電子頭脳のようなものや、セカンドライフのようなバーチャル空間で訪問者の案内をしたり相手をしたりする、自律的なキャラクターのようなものも含めています。[1]

問い　具体的にどんなものですか？

答え　人工知能を描いた一番わかりやすい映画はインド映画の「ロボット」だと思います。[2] 映画の中に出てくる「Chitti」は、前半は、記憶力、論理的な思考力、状況判断力、身体能力、学習能力のいずれにおいても人間をはるかに上回るスーパーインテリジェンスを持ち、後半は、美しい心を持つ人工知能ロボットとして描かれています。

問い　知能といってもいろいろなものがあるでしょう？

答え　そう考えられてきました。難しい問題を解くだけでなく、①自分や他人の感情を理解して行動

1 ― 今ならラテン語で「機械」を意味する「マキナ」と言ったほうがわかりやすいかもしれません。

2 ― 最近では、「*Her*」（http://her.asmik-ace.co.jp/）や「エクス・マキナ」（http://exmachina-movie.com/）が面白いです。

する情動的な知能［Goleman 96］、②他者の意図を読み取ったり、他者と協力あるいは上手に交渉したりして社会を動かす社会的な知能［Goleman 06］、③他者に共感して自分の行動を変えたり、他者の共感を呼び起こして社会を変えたりする共感的な知能［Nishida 13］があります。最近は、こうした知能への関心が高まっています。

問い 理論的な観点から見ると、どのような条件が満たされたら、プログラム、あるいは、ロボットが知能を持っていると言えるのでしょうか？

答え 次のような規準で検査することが考えられます。第一番目の基準は、インタフェース。すなわち、人間と同様のやり取りができるかどうか、という基準です。例えば、アップル社のシリ（Siri）は音声でコンピュータに話しかけることを許しています。シリをいろいろからかって面白がっている人も多いみたいですが、そのレベルまで達したことは大きな進歩だと思います。過去のインタフェースはどれもシリよりはるかに機械的であり、からかうことなどできませんでした。

問い なるほど、知的だからからかわれるのですね。他には？

答え 第二番目の基準は、アルゴリズム入門講座で習うようなアルゴリズムでは到底実装できそうもないが、人間だったら少し頑張ればできそうなことができるプログラムやロボットであると言えるかどうかです。例えば、グーグル社の「Google self-driving Car」[3]、NASAの火星探査車などです。

問い 確かに、人間が普通にできることは、人工知能も簡単にできなければなりません。他には？

答え 第三番目の基準は、人間だってたくさん勉強しなければ上手にできないことができるかどうかです。一九七〇年代を中心に盛んに開発された知識ベースシステムは、専門的な問題解決を得意としていました。

問い 人間が苦手とするものがうまくできたらとても便利ですね。他にもありますか？

答え 第四番目の基準は、何でもいいから、人間のトッププレイヤーを上回るパフォーマンスを持

3 — このほか、「Driverless car」、「autonomous car」などの言い方があります。日本では、「自動運転車」がよく使われていますが、こうしたわかりにくい名前が通るのは、まだ浸透していない証拠。「ロボカー」もわかりやすいですが、名前負けすることを恐れたり、かえって危ういと思われたりするためか、あまり使われないのかもしれません。

っているかどうかです。ディープブルー（Deep Blue: チェス）、ＩＢＭ社のワトソン（Watson: クイズ）、あから（コンピュータ将棋）、ゼン（Zen: コンピュータ囲碁）などがあります。[4]

問い　誰よりも強いとなれば、兜を脱がざるを得ません。まだありますか？

答え　第五の基準は、人との間にある程度共有感（あぁ、自分がわかっていることを人工知能もわかってくれているのだという感覚）を生成できているかどうかです。古典的な機械（例えば、従来の自販機）の場合は、人間との間でほとんど何も共有できておらず、「こいつはただの機械だ」と感じてしまいますが、ホンダのアシモ（Asimo）の場合は、身体の形だけでなく動きが人に近いので、「こいつはただの機械だ」という感覚が稀薄になります。

問い　しかし、人工知能研究者であれば、システムを「解剖」して内部構造まで調べた結果として「賢い」かどうかの判断を下したいのでは？ システムを「解剖」した結果、何かが見つからないと納得できないのでは？

答え　こちらのほうはもっと難しいですね。直観的には、ハードウェアを見てもわからないでしょう。プログラムを解読すれば少しはわかるかもしれません。例えば、古典派なら、弱い方法（weak method）［西田 99］が使われている、つまり、問題を解くアルゴリズムを陽に与えなくても、結果として問題が解けるようにデザインされていることを見つけたら留飲を下げるのかもしれませんが、プログラムをにらみつけても、そういうアルゴリズムが実装されているかどうかはなかなかわかりません。よく考えてみると、そういうアルゴリズムからどのようなロジックで知能が生み出されるかというところが本質だとわかります。この言説の攻防が人工知能研究のツボです。

問い　知能と心は違うのですね？

答え　違うと思います。「知能」は、「問題をうまく解く能力」あるいはそのような能力を身につける学習能力を指します。他方、心のほうでは、「自己を認識する能力」が基本であり、その上で、自分という存在に対して意味づけを行ったり、他者の心を認識し、尊重する能力が生まれ

4 — 最近では、グーグル社のアルファ碁（AlphaGo）(http://deepmind.com/alpha-go.html) が話題を呼んでいます。

てきます。

問い「心」や「知能」をきちんと定義して議論してきたのですか？

答え人工知能研究では、知能や心を厳密に定義した上で、性質を導き出そうというアプローチはあまり取られてこなかったと思います。そもそも、知能と心は重複の多いものであり、両者を総体的にとらえて人間らしい情報処理を実現しようとしてきたと言えます。ある人たちは、膨大なデータと計算によって人間の知能を超えるスーパー知能の実現に向けた研究をしてきましたが、別の人たちは、社会的なインタラクションや情動に焦点を当てて、人がその存在を感じ、共感できるエージェントの実現に取り組んできました。

人工知能の研究の流れは？（❷）

これまで、発見的手法、知識表現と利用、機械学習などの、知能システムを構成するための基本仮説とその最初の実装が一とおり終わり、現在はアプリケーションにより特化した研究と、緻密な理論化と堅固なシステム化に二極化した研究のステージに入っています[西田12]。

問いどんな手法が試されたのですか？

答え一九六〇年代の人工知能研究では、ヒューリスティックス[5]を使って大規模探索空間を効率的に探索する能力が知能の原動力であると考えられてきました。一九七〇年代では、知識の効果的な表現が本質的であり、それに基づいて推論を効率的に実行する記号体系を運用する能力が専門家のような高度の問題解決能力を生み出すと考えられてきました。一九八〇年以降になると、大量のデータの中からパターンを見つける能力、さらには、それに基づいて自己の行動能力を高める能力が知能の核心と思われ始めてきました。

問い基礎概念を定義してそこから重要な性質を導いたり、客観的な評価基準を作ってシステムの性

5 ― 常にうまくいくとは限らないが、多くの場合、良い結果につながる、問題解決のコツ。

能評価を行ったり、実験デザインとデータ分析による検証などを行ってきたとしたら、伝統的な科学技術の方法論が取られてきたと考えていいですか？

答え　いいえ、昔はもっと思弁的であり、知能はこのような作用で生まれるという着想をコンピュータプログラムで実現して、デモンストレーションによって具体的に提示するという手法に基づく研究がかなり行われていました。最近は、範囲を限って科学技術の方法論にのっとって研究を進める人が主流になりました。

問い　どんな人が有名ですか？

答え　マービン・ミンスキー[6]（一九六九年）、ジョン・マッカーシー[7]（一九七一年）、アレン・ニューウエル[8]（一九七五年）、ハーバート・サイモン[9]（一九七五年）、エドワード・ファイゲンバウム[10]（一九九四年）、ラジ・レディ[11]（一九九四年）、ジューディア・パール[12]（二〇一一年）。これらは人工知能研究の基礎を築いた先駆者たちで、いずれもACMチューリング賞を受賞しました（括弧内が受賞年）。先駆者たちのチューリング・レクチャーはなかなか興味深いですよ。

問い　人工知能の研究は、どこまで進んでいるんですか？

答え　ゲームをはじめとするヒューリスティック探索の領域では大きな成果が生まれ、囲碁や将棋などのメジャーなゲームでは、人工知能に勝てる人はほんのわずかになってしまいました。代表例は、一九九七年にディープブルーがチェス世界チャンピオン、カスパロフ[13]に勝ったことです。その後、知識表現言語で記述された知識に基づいて専門家レベルの問題を解決する知識ベースシステム技術が開発されて、人工知能の有用性が社会にインパクトを与えました。一九九〇年頃から研究が加速された機械学習とデータマイニングは、デジタル化によってあちこちに出現した「ビッグデータ」から法則やパターンを探索する役割を担っています。

問い　最近は人工知能の話題が多いですね？

答え　人工知能分野の努力が二〇一〇年前後に一挙に開花しました。先に紹介した、IBM社のワトソン、シリ、「Google self-driving Car」などです。さらに、マイクロソフト社の「Kinect SDK」

6 ― M. Minsky
7 ― J. McCarthy
8 ― A. Newell
9 ― H. Simon
10 ― E. Feigenbaum
11 ― R. Reddy
12 ― J. Pearl
13 ― G. Kasparov

やアルデバラン・ロボティクス社[14]の「Nao」やウィロー・ガレージ社[15]の「ROS」（robot operating system）など、研究に使えるリーズナブルなプライスのプラットフォームが普及し、研究がずいぶん加速されました。この傾向はまだまだ続くでしょう。[16]

問い 日本での展開は？

答え 日本では、早くからパターン認識、言語理解、機械学習が発展し、その後、マルチエージェントやインタラクションを中心に研究者層が厚いですね［Nishida12］。第五世代コンピュータプロジェクトのときは、世界の注目を集めました。また、二〇一二年にはＮＴＴドコモが、しゃべってコンシェルをリリースし、基本的なサービスとして定着しつつあります。お国柄を反映してか、伝統的には論理の緻密さ（「ドライ」）より、感性的なしなやかさ（「ウェット」）系が好きであり、研究者がそれぞれテーマを見つけてボトムアップ的に成果を積み上げていくというスタイルが多く見られます。

14 ― Aldebaran Robotics

15 ― Willow Garage

16 ― さらに最近は、Project Oxford からのツール群 https://www.projectoxford.ai/ や Tensor Flow https://www.tensorflow.org/ も加わりました。

人間より賢い人工知能は実現可能か？（❸）

限られた範囲なら人を上回るスーパー知能がすでに出現し、今は、その範囲が広がっていっています。

問い 人間のチャンピオンに勝てるスーパー知能ができたら、囲碁や将棋やクイズは面白くなくなるのでは？　人間から見ると、コンピュータなんかに負けたら面白くないし、職業だって失うかもしれません。

答え 囲碁や将棋やクイズは人間にとって輝きを失っていません。自分は人間にしかできない活動に参加しているとか、自分はコンピュータより賢いといった不遜なことを考えず、もっと純粋に楽しみを見いだせばいいのです。

問い　そうか、勝つためにゲームをやっているのではないかも？　勝敗はゲームを面白くするための味つけにすぎないのでしょうか？

答え　そう思います。ゲームのもたらす世界の理解を深めていったり、そこでチャレンジしている自分や他者の個性を見つけたりするのは楽しいことです。二〇一二年三月十七日に囲碁ソフトのゼン（Zen）が武宮宇宙流に挑戦して5子一番手直りに連勝したときに、プロ棋士の一人が、「これで人間とコンピュータがコラボして最善譜作りができるようになった」といった趣旨の発言をしていたことが印象的でした。

問い　「東ロボくん」[17]などではどうですか？　自分の持っている人工知能が問題を解いてくれても自分が合格するというわけではない……。

答え　そのとおりですが、東ロボくんができると、勉強は今よりずっと面白くなるでしょう。また、東ロボくんができたら、出題者にも採点者にも朗報です。出題者には出題ミスのチェックばかりか、すばらしい問題だとか、これは愚問だとか、評までしてくれると思います。しかし、東ロボくんは社会的にも大きなインパクトをもたらすと思います。つまり、限られた時間に問題を間違いなく解くなどという能力を調べるのではなく、もっと創造的な能力を調べることができます。例えば、「このモチーフを使ってできる限り面白い問題を作ってみなさい」といった具合に作問コンテストをして、東ロボくんが最も苦しんで答えを出せたら高く評価するといった具合です。

問い　スーパー知能の出現は、人の生き方や価値観に大きな影響を与えるかもしれませんね……。

答え　そのとおりです。これまでは、（範囲を限れば）自分だけにしかできないと思ってきたことやサービスが、人工知能によって安価に再現できるようになります。昔は、（学校の）先生は「博識」にかけては周囲にいる人よりは優れていたと言えますが、今や先生の博識は高々知識への気づきにすぎず、「そういうことか！」とわかってしまえば、知識の中身のほうは先生よりネットサーチの結果のほうを信じるでしょう。そういうことに気づけば先生や先生になろう

17 ― 国立情報学研究所を中心としたプロジェクト「ロボットは東大に入れるか」で開発中の人工知能。

とする人は自分の生きていく道について真剣に考え直さなければならなくなります。そもそも先生の役割は何か？ 自分だけにしかできないことは何か？ と……。

問い 私たちも、知識をせっせと詰め込む必要はなくなり、もっと本質に専念できるようになると？

答え 私の趣味はテニスです。長年の夢は、フェデラーやナダルとラリーをすることです。[18] 実力差がありすぎて、ラリーにはなり得ないとしても、フェデラーの電光石火のような動きやナダルのぐりぐりトップスピンを体験できたらどれほどうれしいでしょうか。しかし、現実にはそのようなチャンスが訪れることは稀有《けう》です。スーパーロボプレイヤーが実現されたらいいなといつも思っています。トップ選手を模したフェデラーロボットやナダルロボットが出て相手をしてくれるというシナリオです。そのようなトッププロロボットはトップ選手にも役立つはずです。トレーニングに使ったり、さらに高度な技を編み出す助けとして活用できると思います。

問い スーパーロボプレイヤーは実現できそうですか？

答え 原理的には出現の可能性はありますが、人間と同等以下の大きさ・体重で、同等以上のパワーと持久力を持つ人工身体の開発が遅れています。素材からの貢献が大きいと思います。

問い スーパー知能は研究にも役立つのでしょうか？

答え 狭い領域でもいいので、人間を凌駕《りょうが》するスーパー知能の出現に成功すると、研究者はそれを自分の仕事に役立て、そこから学ぶことができます。「頭脳」を解剖して中身を分析してもあまりわからないかもしれませんが、いろいろな問題を解かせてみたり、「頭の中の結線」を少しずつ変えてみて、能力がどう変化するかを調べてみたりするといったことでも多くのことがわかるに違いありません。

18 — さらに加えるならば、錦織圭クンのようにプレイしたいということでしょうか。こちらはパワースーツ技術の進歩に期待したいです。

スーパー知能の光と影（❹）

スーパー知能にもダークサイドがあることを十分認識した上で、人工知能の研究を進める必要があります。

問い　スーパー知能が人類を滅ぼしてしまうなんてことが起きないでしょうか？

答え　それは小説や映画によく出てくるシナリオですが、そこまでいかなくても、スーパー知能にはいくつかのダークサイドがあることを指摘しておきたいと思います［Nishida 13］。第一は、技術の乱用（technology abuse）です。スーパー知能が現れると悪用しようとする人が現れるのは世の習いです。

問い　なるほど、道具はもろ刃の剣であると。他には？

答え　第二は、責任能力の破綻（responsibility flaw）です。スーパー知能のすることに対する責任をいったい誰が取るのかという問題です。よく考えてみると、製造者も、販売者も、所有者も、使用者も責任を取れません。絶対安全ということがない限り、保険といった社会システムに依存しなければならないと思います。

問い　確かに、自律性が高いマシンが何をしでかすかわからないということになれば、よほどのメリットがない限り、責任を取りたいという人はいなくなるでしょうね。他には？

答え　第三は、モラルの危機（moral in crisis）です。スーパー知能の中に一定の社会知と倫理コードが組み込まれることになるのでしょうが、そうなると人間はスーパー知能に任せきりになって、他者を思いやるとか、社会における自分の役割などといったことについて考える機会を失いがちになります。

問い　人間だって誰かに任せると、その奥にある問題に気づかなくなってしまいます。他には？

答え　第四は、人工物への過度の依存（overdependence on artifacts）［Maurer 07］です。スーパー知能がないと人類は生きていけなくなってしまうかもしれません。そのような弱さは多くの人によって指摘されてきました。

問い　そういう問題を解決することこそ、人工知能をはじめとする科学技術の使命なのでは？

答え　原則はそのとおりなのですが、現実はなかなかタフです。第一のテクノロジーの乱用は深刻な社会問題につながるかもしれません。主な原因は、表層では技術の高度化による世界の複雑化です。高度な防御技術を作ったら、それを破ろうとする者が出てきてイタチごっこになりかねません。さらに、自分でも気づかないうちに、メディア的な存在を実体と同一視してしまうというメディアの等式［Reeves 01］が生じて判断を誤らせるかもしれません［Frith 09］。フリス[19]の言うように「我々が知覚する世界も身体も脳が作り出した幻想」であり、肝心の脳が太古の世界や身体の様相に基づいて作られているものであるならば、我々の脳は現代の高度な技術が作り出す拡張世界に混乱してしまうということにもなりかねません。

問い　なるほど、我々の脳は古く、融通が利かないので現実の急激な変化にはついていけないかもしれないと？

答え　環境から入ってくる大量の不完全で曖昧な情報を素早く解釈するために脳が多数の解釈から最尤《さいゆう》の解釈を「決め打ち」しているので、複雑な状況でも素早く対応できます。しかし、その代償として、錯視をはじめとするさまざまな誤った推測も生じてしまいます［Frith 09］。太古の自然界では錯視が生じるような状況はほとんど起きませんでしたが今は違います。テクノロジーの導入でいくらでも物理世界を加工し、見かけ上異なる世界に変えてしまうことができます。そうなると、脳は簡単にだまされてしまいます。人工的に現実感を生み出した、まさしくその技術によって、我々が疑いもなくころりとだまされることになるのです。

問い　人々がそうしたわなにはまることを防ぐことも、人工知能の大事なミッションなのですね？

答え　そのとおりです。

19 — C. Frith

人より賢い人工知能の登場（❺）

人工知能が人間より賢くなると、ヒューマニティが危機にさらされる恐れが出てきます。

問い　そういえば、テクノロジカルシンギュラリティ（技術的特異点：technological singularity）って、こんなコンテキストで問題になるのかなぁ？

答え　ご賢察のとおりです。技術的特異点が迫ってきていると主張する論者の中には、スーパー知能が人類を滅ぼそうとしたらそれを食い止められるかといった問題提起をする人がいますが、私は技術的特異点のもたらす本質的問題はもう少し別のところにあると思っています。我々が最初に目撃するであろう技術的特異点は、スーパー知能が人をさげすむとか、憎むとか、滅ぼそうとするのではなく、人間が描いた理想郷の中に人間が住む（ないしは住まわされる）という形で訪れるのではないかと思っています。

問い　どうしてそうなるのですか？

答え　スーパー知能の進歩の過程を想像してみてください。はじめのうちは、スーパー知能は人間からいろいろなことを教えてもらって、人間のためにサービスを提供する、人間のしもべとして位置づけられます。スーパー知能が教えられたことを集積し、一般化していくと、少しずつ人間の知力を凌駕するようになっていき、ついには、あらゆる面で人間を超え、その後は、人間との差を急速に広げていく、というのが技術的特異点のシナリオです。技術的特異点の前後で、スーパー知能は人間が世界を滅ぼしかねない危険な存在だと気づくかもしれません。

問い　それでは、スーパー知能は人類を滅ぼしてしまうということになりませんか？

答え　いいえ。現在の人類が、多様な種の生命が自由に――ただし一定の秩序の下で――行動することを保証することが地球の繁栄に不可欠なものであると考えるのと同様に、スーパー知能も、人類を含む多様な知的主体が自由に――ただし一定の秩序の下で――知を探求することを知の発展に不可欠のものと考えるでしょう。スーパー知能は、人間が世界や自分を破滅させないよう目を光らせるものの、人間を敵対視することもなければ、自由を奪うこともないでしょう。そして、人間が法律を順守し、互いを尊重しつつ、健康に生きていくよう仕向けるでしょう。

問い そうであれば、人間の側にとってもそう悪い話ではないのでは？ 仲良く健康で生きる限りは重宝されるだろうし、楽しみだって与えられて「幸せ」に一生を送ることができます。そうした理想郷は人間の理性の究極の姿ではなかったのでしょうか？

答え そうした理想郷が人類が自ら選択して自律的に決定した結果であればいいかもしれませんが、強制されたり気づかないままそうなってしまい、人間が自ら作り出した理性で隅々まで縛られて生きることを強いられて、もう引き返せなくなってしまった、ということになれば、ヒューマニティはひどく損なわれたことになります。

問い 世の中はどんどん技術的特異点に向かっているように思えます。

答え そう実感します。日常生活においても保険の掛け金のコントロールにより、生活習慣病などのリスクを最小化するように運動をし、食生活をし、健全な毎日を送る以外の選択肢がなくなります。公共の場所では、他者に危害を加えるどころか、ハラスメントとなる行為をするだけでも記録が残るようにもなるでしょう。アウトローがいなくなるのはいいのですが、我々の自律性は必要限度をはるかに超えて一挙手一投足まで制約されたものになってしまうかもしれません。ある面では結構なことですが、「あなたのためです」と称して、羽目をまったく外せなくなってしまうと、人間らしく生きているという感覚が薄れていきます。

問い 一握りの支配者たちがビッグブラザー[20]として社会を監視するという図式ではなく、私たち自身が作り出した理想がスーパー知能となって、私たちの行動の隅々まで監視するようになるということですか？

20―ジョージ・オーウェル(G. Orwell)の小説『一九八四年』に登場する「国民を見守る支配者」。

答え　そのとおりです。今までは、コンピュータなどなかったから、個々の市民を教育して正しい社会生活を送れるように仕向け、警察などの力でそれを担保する、という原始的形態にとどまらざるを得なかったのですが、これからはそうではなくなります。しかも、「理想」といっても、純粋な思弁上の産物であり、実際の経験を経ずに思い描いただけの不完全なものであるかもしれません。

問い　もしかして、心を持つメカとしての人工知能について論じなければならないのはそのため？

答え　ご明察！

心を持つメカ（❻）

心そのものについても、心を持つメカにしても、人工知能での研究はそれほど進んでいないと思いますので、これらの問題については現時点の私の推察にすぎないのですが、一つは自我、もう一つは他の心を感じる力だと思っています。

問い　自我をどうとらえたらいいでしょうか？

答え　自我については次のように考えてみたらどうだろうかと思っています。①自我は個体に唯一存在する、②心は自我が生み出す現象である、③自我が生み出した心は、自分を生み出した自我への自覚がある、④ある個体の自我が生み出した心は、他の個体が生み出した心に気づき、さまざまな手がかりを使って他者の心が考えていることを推察できる、と。

問い　自我は一人に一つかもしれませんが、心は唯一ではないように思えますが？

答え　ミンスキーの『心の社会』［Minsky 85］で示唆されているように、我々の「心」はたくさんの小さな心の相互作用として成り立っているのだと思います。それらが一体感を持っていると感じられるのは、それらが唯一の「自我」と関連づけられているとともに、その時々で整合性のある小さな心の集まりが活性化されているからでしょうね。

問い　他者の心を感じるには?

答え　二つの方法が考えられます。第一番目は、自分の知っている知識を使って他者の自我が与えられた状況でどのように振る舞うかを推理する、という方法です。

問い　普通はそうするでしょうね。

答え　第二は、自分の自我が他者の自我と同じものだと仮定し、自分の自我を他者の自我が置かれているのと同じ状況に置いてシミュレーションすることによって、他者の自我が生成する心がどのようなものか知る、という方法です。重要なことは、そういうことが特に意識しないでも自動的に行われているのではないかという点であり、これはミラーニューロン説[21][Rizzolatti 08]などによって支持されています。

問い　どっちの説が正しいのですか?

答え　二つとも心の理論[Baron-Cohen 97]に関わるものです。第一番目の説は理論説(theory theory)、第二番目の説はシミュレーション説(simulation theory)と呼ばれています。どちらが正しいかという論争[Davis 95]もかなり行われているようですが、私は両方を使っていると思います。両者が一致したときの結論だけを信じたり、いろいろな手がかりを使って修正したりすることで、高い確度で正解を得ることができる、つまり、推察結果を実際に相手の自我が生成している心に一致させることができるのだと考えています。

問い　そうか! 心を持つメカが人の心のすばらしさに気づいてくれたら、人類を滅ぼそうなどと考えなくなるわけですね?

答え　そのシナリオを狙っているのです。

21 ― 他者の行為を見て、あたかも自分が行動しているかのように反応する神経細胞。

現実世界の議論としては、完全な心を持つメカが実現可能か否かといった点について観念的な議論をするよりも、実際にどれくらいまで近似できるのかという実践的な取り組みをしたほうが有用な知見が得られると思います。

心を持つメカの実現可能性（7）

問い　心を作り出す脳と世界の関係について考えてみることが第一歩でしょうか？

答え　最近の脳科学の知見によれば、「人は物理世界に直接触れていると思っているが、それは脳が創り出した錯覚である。脳は感覚信号と予測を組み合わせることで物理世界のモデルを創り出す。人が知覚するのはこのモデル」[Frith 09]であり、自分や他者の心も同様の方法で作り出されていると考えられるようになってきました。つまり、心も自我も社会もその本質は物質として存在するのではなく、脳の上の情報プロセスとして存在するということになります。

問い　そうだとすれば、インターネットに接続されたコンピュータで、人の脳に心の存在を確信させる存在を作り出すと、それが心を持つメカ？

答え　ビンゴ！　それが図2・1のモチーフです。志向姿勢と志向システムに関わるデネット[22]の議論[Dennett 96]では、「心を持つと考えるのが最もわかりやすい」という直観が単なる気まぐれではなく、実は進化論的な根拠に基づくものであると論じられています。そして、志向システムも単なる適応学習をできるシステムから、言葉を思考の道具として使えるシステムへの進化の歴史を経て、段階的に発展したのではないかと。

問い　私が直観したものは情報として存在すると？

答え　脳が直観を作り出し、脳の上での情報プロセスである心がそれを感じるということでしょう。

問い　そうか、人工知能にも心を持たせて、人の心を理解してもらおうということなのか……。で

22 — D. Dennett

図 2.1　クラウドコンピューティングが生成する人工知能と人

答え　も、善い心だけじゃなくって悪い心もありますよね？　また先回りされてしまった！　それが今悩んでいる問題です。フリスによれば、「自分が自由な行動主体であるという経験と、利他的になろうとする意志の間には密接な関係があり」、「私たちは公平に振る舞っていれば気持ちがいいし、他者の不公平な振舞いには心穏やかでなくなります[Frith 09]。つまり、心は自分や他人の自由を尊重する正義感を持った存在ということですが、心を持つメカを実現すると必ず正義感を持った存在になるかどうかは不明です。それどころか、心は本来的に善と悪が混在した存在ではないかと思えます。

問い　心を持つメカとしての人工知能は、もはや人の指図を聞いて、従順に行動するしもべであったり、冷酷かつ事細かに人々の行動を規制する監視者ではなく、自らの不完全さを認識し、いろいろなことに思い悩む、人間と同等の存在になるということでしょうか？

答え　そのように位置づけるのがいいように思えます。

問い　人間が人間を理解できるのは同じタイプの心を持っているからでしょう？「心を持つメカ」の心が人間と同じタイプになるっていう保証は？

答え　今のところはありません。おそらく違ったタイプのものになるでしょう。

問い　違ったタイプの心同士がわかり合えるのでしょうか？

答え　鋭い！　普通に考えると、わかり合えるとしてもわかり合えている事柄は少ないでしょうね。デネットも議論しています[Dennett 96]が、どうしたら、違ったタイプの心同士がわかり合えるようになるのかは、すごくチャレンジングな研究テーマになると思います。

問い　何かいい考えは？

答え　絶望的というわけではなく、それぞれの心が十分高度なものとすると、完全ではないとしても、比喩[Lakoff 80]を使ってある程度わかり合うということは考えられます。例えば、「人間の疲労はロボットにとっては、バッテリー消耗による活動力低下に相当する」といったところでしょう。

問い　心を持つメカを作るなんて、とても罪深いことかもしれませんね。

答え　またまた鋭い！「心を持つメカを作ることが人間の心にどのような影響を与えるのか？」、「心を持つメカを破壊できないのではないか？」という疑念を払拭することは難しいと思います。ひとたび「心を持つメカ」ができると、それと心の絆を作る人が出てくるでしょう。心を持つメカを破壊すると、そのメカと心の絆を作り上げてきた人間の心を傷つけることになるのではないかと思えます。

問い　では、心を持つメカの権利も認めなければならなくなるっていうことですか？

答え　そうです。さらにもっと悩ましい問題も生じます。

問い　それは？

答え　心を持つメカを作る過程を想像してみてください。きっと試行錯誤の繰り返しで、多数の失敗作や未完成作品を作ることになるでしょう？　どの段階で権利を認めればいいのでしょうか？

問い　確かに難しそうです。[23]

心を持つメカへのロードマップ（❽）

メディアの力を使って人の心に訴えかけるメディア立脚型自律知能を実現することが、心を持つメカへの第一歩だと思います。

問い　要はディズニーみたいに、ストーリーの力を使って、キャラクターの自我を存在させようというたくらみですか？

答え　そのとおりです。「心」を作るときに必要になる自我の立脚基盤を脳・身体系を模倣した情報処理メカニズムを作るのではなく、文化の力を借り、メディアを使って作り上げたキャラクターの力を使って心を持つメカの初期バージョンを立ち上げようというものです。人工知能が

23 ― このあたりの葛藤を描いたものが、先に述べた映画「エクス・マキナ」です。

人間の世界のストーリーを人間と同等のレベルで理解することはまだまだ困難であるように思われるのですが、人間がストーリーの世界に足を運んでそこにいるエージェントとコミュニケーションをするのであれば、実現の可能性は高いと思います。

問い　ストーリーの力は強いと？

答え　ディズニーのような国を作り、人もその国の住民になるという前提を成立させることができれば、ディズニーのストーリーの力を使って、人をその世界に巻き込んでコミュニケーションをとおして、関係の層を積み重ねていけば、人の心の中に存在を築けるように思います。はじめのうちは、キャラクターは完全自律にしなくても、人の手で操っていてもいいのです。ベイツ[24]やヘイズ・ロス[25]はこうしたアプローチの先駆者です[Bates 94, Hayes-Roth 08]。対照的に、はじめから我々の日常世界で「心を持つメカ」として認めてもらえるものを作り出すことは難しいですね。

問い　メディア立脚型自律知能なら、生成と削除が許されるというわけですか？

答え　そのとおりです。歴史的に考えてみると、その昔、特に将棋やチェスなどのゲームは戦いで殺し合うといったリアリティの暗黒面を避けつつ、リアリティの一部をルールとして切り取っていろいろなことを試すことにより、複雑な現実を理解するという有力な知的手段であったに違いないと思います。その後の古典ではゲームは現実社会とは切り離されたお遊びと目されているようですが、今はそれ自体がビジネス化し、独立した現実にもなってきています。

問い　小説や映画と同等の手法とはいうものの、キャラクターの生成、改変、削除が人心に与える影響は大きいのでしょう？

答え　倫理面では十分な注意が必要だと思います。

24 — J. Bates
25 — B. Hayes-Roth

メディア立脚型自律知能（❾）

メディア立脚型自律知能は、はじめのうちはデザイナーがゲーム的な手法で描いた道筋に従って発展するものの、人間と一緒にゲームをしているうちに関係性を集積してアイデンティティを次第に確立していくというシナリオです。

問い　そういえば、ゲーミフィケーション［Zichermann 10］は現実世界にゲーム感覚を持ち込み、実在感を高めていますね？

答え　そうです。我々の日常生活空間自体がゲーム化してきています。我々の生活空間が、メディア立脚型自律知能の生存条件を満たすように変わりつつあると言えます。人工物の社会への実装は難しいとされてきたのですが、人間のほうからメディア世界に生活空間を移していくという図式が主流になってくると、世界をうまくデザインすることによって、高度な自律キャラクターの実現を早めることができるように思えます。

問い　どういうゲームデザインがいいのですか？

答え　ツイッター（Twitter）は非常に良い例だと思っています。ツイッターというシステムは、参加者としても傍観者としてもいろいろな楽しみ方があります。メディア立脚型自律知能のデザイナーの立場に立つと、ツイッターだと人間とボットの区別がつきにくい点も非常にありがたいですね。

問い　あらが目立たないからだ！

答え　そのとおりです。メディア立脚型自律知能と人間の違いが大きすぎると、両者はすぐ区別できてしまい、面白味が減って、相互に学び合うということも起きにくくなります。魑《ち》魅《み》魍魎《もうりょう》化している古典的な人間社会で、人間と区別しにくいメディア立脚型自律知能を作れというと、ハードルが高くなりすぎます。

問い　メディア立脚型自律知能というか自律キャラクターを人間と区別がつきにくくしておくと、人のほうも結構区別なく自然体で話してしまうかもしれませんね？

答え　我々が持っている強力なコミュニケーション力、察したり解釈する力と表現する力、期せずして漏れ出づるソーシャルシグナルなどを現実に目撃する機会を増やすと、そのログデータから実際にサクサクしたコミュニケーション力を持つ自律キャラクターを生み出しやすくなります。

問い　みなで楽しめるイリュージョンを作り出せばイノベーションが生まれると？

答え　人もメディアの海で活動するものとして比喩的にとらえることができます。解像度を下げておくと、どれが人でどれが自律キャラクターかを区別できない状態が生まれます。こういうところで成功させて、少しずつ解像度を上げながら成功を重ねていくという研究シナリオが考えられます。

問い　やりすぎると不気味の谷［森 03］に落ちてしまうのでは？

答え　ご指摘のとおりです。メディア立脚型自律知能は人間とは異なる種として位置づけておくべきだと思います。生命の基本として似て非なるものには警戒感だけでなく嫌悪感を引き起こすと思うからです。不気味の谷（uncanny valley）という言葉は日本で作られたものですが、私は不気味の崖（uncanny cliff）と言ったほうがよいと思います。

問い　とはいうものの、自律キャラクターを実現するのはまだまだ難しいのでしょう？

答え　漫画やアニメの手法は参考になるものの、制作は職人芸の世界だし、でき上がるキャラクターも自律型ではなかったので、とてもチャレンジングです。

問い　キャラクターはいろいろな状況に遭遇し、その場その場で自分らしい振舞いができなければならないと？

答え　状況に応じた振舞いをいちいちプログラミングするなどということはコストがかかりすぎて非

現実的でした。しかし、今ならうまくメディアの海で際立ったキャラクターを作り出すことができたら、そのログデータから振舞いのパターンを抽出して、自律キャラクターの中に組み込むというアプローチが考えられます。

問い それでうまくいくのですか？

答え 有望だと思っています。自律キャラクターが物語世界で生活し、他の生活者（特に、人）から志向姿勢によって認知され、社会的インタラクションをとおして関係性を作り、創造をともに行えるようになるための鍵は、共有基盤の構築能力です。

共有基盤（⑩）

共有基盤とはコミュニケーションに参加する人が前提として共有している世界の知覚能力、背景知識、信念、言語、ルールなどのことです。

問い 単に共有しているだけじゃダメなのですよね？

答え そのとおりです。こうした基盤は行動主体によって運用されなければなりません。自律キャラクターには、知覚、概念、常識、推論などの問題解決的な知能だけでなく、情動、言語、社会知まで含んだ広くて深い知能を運用する能力が必要です。さらに、こうした人間的基盤を支えるものとして忘れてはいけないのが動物的基盤とでも呼べるものです。

問い 参加者たちはみな同じ動物的基盤の上に立っているということを前提にしてコミュニケーションするということですか？

答え そのとおりです。動物系基盤というのは、時間、空間などの基本的な環境基盤の上に作られるものです。その上で、他の生命的存在が住まう環境を知覚し、他の生命的存在との関係をうまく調整しながら、上手に活動できる能力を持つこと、つまり生態系にいる他の「生命体」との間で、採餌、摂食、攻撃、警戒、警告、防衛、逃走、退避、威嚇、営巣、縄張り行動、揺籃《ようらん》、求愛、…などさまざまな動物的行動［ローレンツ 05］を察知し、時として他の生命体と共同で実行する能力を共有することを意味します。

問い　言われてみると、確かに日常生活でもそんなふうにしていると思えることも多いですね？

答え　メディアに立脚するといっても、敵、味方、危機、自分の能力、他の生命的存在との間の関係性（親子、配偶者、仲間）などを識別して、しかるべき行動をとることができないと、生命的な存在感が生じません。

問い　普段は気づいていないけれど、同じ生き物という実感がないと仲間とは思いにくいと？

答え　はじめから完全なものを作る必要はないと思います。高度な自律キャラクターを実現するためには、知覚や言語や常識など基本的な基盤的能力が欠けているのは具合が悪いでしょうが、応用的な能力については必ずしもすべてそろっている必要はありません。

問い　最低限どれだけがそろっていたら、自律キャラクターが心の存在を与え続けていると感じられるのでしょうか？

答え　大変面白い問いだと思います。研究テーマとして取り上げてみては？

心を持つメカの全体像（⑪）

次のようなものが基本的な能力だと思っています。①メタレベルの思考能力によって自己を覚醒し、さまざまな思考を統合して、一つのストーリー的行動にまとめあげ、②心の理論／マインドリーダーによって、他の「心」の存在に気づき、心の理論によってそこで起きていることを推測したり、自分の行動を決めたりする、③記憶に基づいて主体としての自己を発展させていく、ないしは、自己複製していくこと。

問い　どのあたりがポイントですか？

答え　外界について知覚した結果が投影される「心の劇場」です。ここには、心のイマジネーションも映し出され、虚と実の入り交じった世界になります。

問い　プロトタイプを作ってみるのはどうでしょう？

答え　とてもよい考えだと思います。心を持つメカの研究では統合が主要な関心事になるので、実装技術を駆使して、簡単なものでもいいのでプロトタイプを作ってみることは大きなステップです。一回では満足のいくものができなくても、人に見せて意見をもらい、それを取り入れて、また作り直す、という作業を二回、三回と続けていけば、イメージもはっきりしてきて、面白い展開になると思いますよ。

問い　それだったらできるかもしれませんね？

答え　図2・2のようなイメージ図をまとめてみました。「心の劇場」が大きな役割を果たします。感覚器からの情報をもとに身体を維持しつつ、心の劇場に経験のイメージが作られます。心の劇場より上は、心的なプロセスの世界です。心の劇場で起きていることを知覚し、認知し、言語的に表現し、自我の意識や過去の記憶に基づいて判断を下し、その結果起きるであろうことを想像して、心の劇場に描き、心が決まったらそのイメージに従って運動器により、行動する、といったシナリオです。

問い　脳科学から、倫理に至る広い範囲の素養が必要ですね？

答え　そう思います。未検証のコンジェクチュアや言説は、科学的事実に劣らず、有用だと思います。特に面白そうなところは、生命的基盤の上に心がどう構築されるか、心と文化・社会・関係がどう相互作用し、共進化していくかというあたりです。認知神経科学［Solms 02］のほか、現象学［メルロ＝ポンティ 82］、オートポイエーシス［マトゥラーナ 91］、内部観測［郡司ペギオ 97］などの考究が参考になると思います。

問い　ありがとうございました。プロトタイプができたら、ぜひ意見をくださいね？

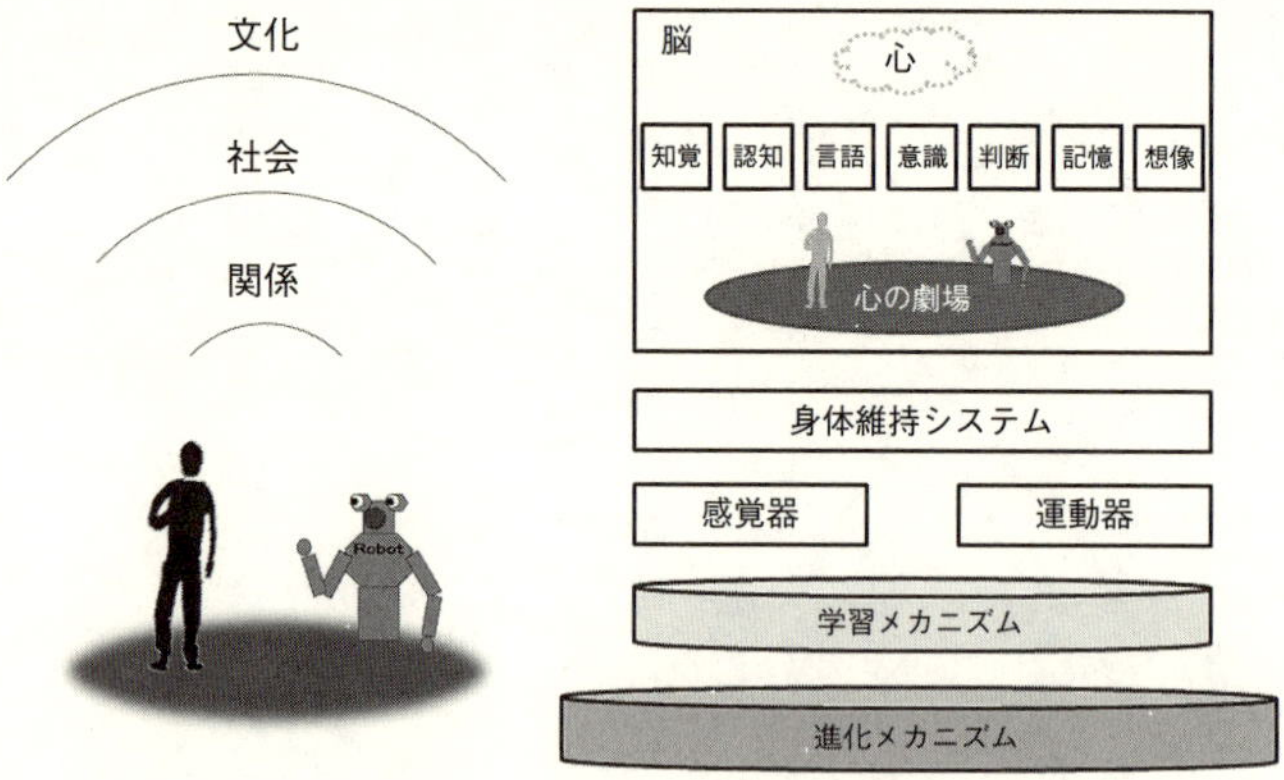

図 2.2　心を持つメカの構成概念図

参考文献

[Baron-Cohen 97]　Baron-Cohen, S., *Mindblindness: An Essay on Autism and Theory of Mind*, The MIT Press (1997)

[Bates 94]　Bates, J., The role of emotion in believable agents, *Communications of ACM*, Vol.37, No.7, pp.122-125 (1994)

[Davis 95]　Davis, M. and Stones, T. (eds.), *Mental Simulation*, Blackwell Publishers (1995)

[Dennett 96]　Dennett, D.C., *Kinds of Minds: Toward An Understanding Of Consciousness*, Basic Books(1996)；土屋 俊 訳,『心はどこにあるのか』, 草思社 (1997)

[Frith 09]　Frith, C.D.. *Making up the Mind: How the Brain Creates our Mental World*, Wiley-Blackwell (2007)；大堀壽夫 訳,『心をつくる』, 岩波書店 (2009)

[Goleman 96]　Goleman, D., *Emotional Intelligence: Why It Can Matter More Than IQ*, Bantam Books (1995)；土屋京子 訳,『こころの知能指数』, 講談社 (1996)

[Goleman 06]　Goleman, D., *Social Intelligence: The New Science of Human Relationships*, Bantam (2006)；土屋京子 訳,『SQ 生き方の知能指数』, 日本経済新聞社 (2007)

[郡司ペギオ 97]　郡司ペギオ-幸夫, 適応能と内部観測 — 含意という時間,『内部観測』(郡司ペギオ-幸夫, 松野孝一郎, オットー・E・レスラー編), 青土社 (1997)

[Hayes-Roth 08]　Hayes-Roth, B., Putting Intelligent Characters to Work, *AI Magazine*, Vol.29, No.2, pp.43-48 (2008)

[Lakoff 80]　Lakoff, G. and Johnson, M., *Metaphors We Live By*, University of Chicago Press (1980)

[ローレンツ 05]　K. ローレンツ 著, 丘 直通, 日高敏隆 訳,『動物行動学Ⅰ, Ⅱ』, 新思索社 (2005) ※原著は 1965 年, 訳書初版は 1977 年

[マトゥラーナ 91]　H.R. マトゥラーナ, F.J. ヴァレラ 著, 河本英夫 訳,『オートポイエーシス — 生命システムとはなにか』, 国文社 (1991)

[Maurer 07]　Maurer, H., Some ideas on ICT as it influences the future, NEC Technology Forum, Tokyo (2007)

[メルロ=ポンティ 82]　M. メルロ=ポンティ 著, 中島盛夫 訳,『知覚の現象学』, 法政大学出版局 (1982)

[Minsky 85]　Minsky, M., *The Society of Minds*, Simon & Schuster (1985)；安西祐一郎 訳,『心の社会』, 産業図書 (1990)

[森 03]　森 政弘, ロボット博士の創造への扉 第 27 回「不気味の谷：人型ロボットデザインへの注意」,『ロボコンマガジン』, 28 号, pp.49-51 (2003)

[西田 99]　西田豊明,『人工知能の基礎』, 丸善 (1999)

[西田 12]　西田豊明, 人工知能研究半世紀の歩みと今後の課題,『情報管理』, Vol.55, No.7, pp.461-471 (2012)

[Nishida 12]　Nishida, T., The Best of AI in Japan—Prologue, *AI Magazine*, Vol.33, No.2, pp.108-111 (2012)

[Nishida 13]　Nishida, T., Towards Mutual Dependency between Empathy and Technology, *AI & Society*, Vol.28, No.3, pp.277-287 (2013)

[Reeves 01]　Reeves, B. and Nass, C., *The Media Equation*, Cambridge University Press (1996)；細馬宏通 翻訳,『人はなぜコンピューターを人間として扱うか—「メディアの等式」の心理学』, 翔泳社 (2001)

[Rizzolatti 08]　Rizzolatti, G. and Sinigaglia, C., *Mirrors in the Brain: How Our Minds Share Actions, Emotions, and Experience*, Oxford University Press (2008)

[Solms 02]　Solms, M. and Turnbull, O., *The Brain and the Inner World–An Introduction to the Neuroscience of Subjective Experience*, Other Press (2002)；平尾和幸 訳,『脳と心的世界 — 主観的経験のニューロサイエンスへの招待』, 星和書店 (2007)

[Zichermann 10]　Zichermann, G. and Linder, J., *Game–Based Marketing: Inspire Customer Loyalty Through Rewards, Challenges, and Contests*, John Wiley & Sons (2010)

北陸先端科学技術大学院大学サービスサイエンス研究センターの溝口理一郎先生は、オントロジー研究の第一人者として知られています。もともと哲学用語の「存在論」からきたオントロジーは、知識を記述するときの「仕様書」のようなもので、「人 is-a 哺乳類」、「手 part-of 人」のように、一定のルールに基づいて知識を記述していきます。

では、知識と知能はどのような関係にあるのでしょうか。知能の要素として、①推論と思考、②学習と記憶、③問題解決、④言語とコミュニケーション、⑤自己認識とメタ認識、⑥先の五つのすべての基盤となる記号処理を支えるための、実世界と記号の双方向変換機能、の六つを挙げる〔**問い7**〕溝口先生は、知能は能力に直接関連する概念なのに対して、知識は後天的に獲得されたデータのようなものとしています〔**問い15**〕。つまり、知識がなければ知能はほとんど発揮できないけれども、ある領域（ドメイン）に固有の知識は本質的に一般性を持てないために、研究の対象にはなりにくいという問題を抱えていました〔**問い16**〕。

そうした「一般性の壁」を超越するために登場したのがオントロジー工学です〔**問い17**〕。知能そのものの研究ではなく、知能が働くために不可欠な知識を研究対象とした学問と言えます。

知能へのアプローチ　人工知能研究はどう貢献するか

溝口　理一郎

知的であることと知的に振る舞うこと

問い1　人工知能とは何ですか？
答え1.1　知能とは何かという問いに答えなければなりません。
問い2　知能とは何ですか？
答え2　知的な振舞いを生成する能力です。

と言えそうなので、知的であるということは何かと問えば十分でしょう。この問いは後で答えるとすると、人工知能はそれに「人工」をつけたものであるので、字義どおりに解釈すれば、

答え1.2　人工知能とは、人工的に作った知的な振舞いをするもの（システム）です。
問い3　人工知能研究とは何ですか？
答え3.1　人工知能の実現を目指した（に貢献する）研究です。

ここで、知的であることとは何かについての仮想的な問答を考えてみましょう。

A　知的であるとは、状況に応じて適応的に物事に対処する能力のことです。
B　じゃあ、フィードバックコントロール[1]（feedback control）は知的なのですね。
A　いや、数値的な最適制御はちょっと別なんですが……。
B　どう別なのですか？

1 ― 出力の結果を入力側に戻して、自動で目標値に一致させる制御の仕組み。

A　定量化されて解析的に解けてしまっているのは別なんです。

B　じゃあ、四則演算はどっちなんですか？

A　四則演算は定量的ではありますが、計算そのものは解析的ではなく、ひとつひとつ手続き的に実行しているので知的なんです。というか、計算をするということ自体が知的というべきだと思います。

B　え？　じゃあ、コンパイラ[2]は膨大なアルゴリズムに基づいて構文解析をして、エラーのあるプログラムを解析しつつ、実行可能なコードをはき出していますが知的なんですね？

A　いや、知識に基づいて動くことと、知的に動くことは別なんです。コンパイラは前者ですが、後者ではありません。

B　本当ですか？　知識に基づいて動くことと知的に動くことが別とは知りませんでした。ということはシステムの実装の仕方が重要なわけですね？　試行錯誤をしながら実行すると知的になる？

A　そういうわけでもないのです。知的であることを内側から説明することと外側から説明することが混在しています。内部仕様と外部仕様の問題ですね。知的に振る舞うということは外部仕様の問題ですが、知的に振る舞う能力というと内部仕様の問題になります。それをごっちゃにするとややこしくなります……。

Aさんも、わかっているようでよくわかっていないのではと思われます。知的に振る舞うシステムと知的なシステムは同義語ではありません。振舞いだけを議論するのであればこの二つは同義と言い得ますが、一歩下がって、何をしているかを問うとそれは前者には含まれていませんが、後者には含まれます。具体的に言えば、プログラムをコンパイルするという作業自体は高度な知識が要求され、それ自体が知的な仕事です。知的に「振る舞う」ということは何をしているかは一切問わないで、どのようにす

2 ― 人間が理解しやすいプログラミング言語で記述されたプログラムを機械語に自動で変換するプログラム。

るかだけが問われています。典型例で言えば、事前に定められたアルゴリズムに従って決まったことを間違いなく実行することは知的に「振る舞っている」とは言われません。計算するというタスクはどのように実行されるかに無関係に知的なタスクです。コンパイラは知的なタスクを実行していますが、知的に振る舞ってはいない。要するに、知的であることには二つの側面があります。

問い4　知的であるとは？

答え4.1　実行しているタスク自体に（高度な）知識が要求される場合には、それを実行すること自体が知的と言えます。したがって実行の仕方には無関係であり得ます。

答え4.2　実行しているタスクが知的であるかどうかには無関係に、振舞い自体が知的であり得ます。

通常何も限定しなければ、人工知能研究では、振舞いが知的であることの理解が重要になると考えられています。

問い5　知的な振舞いとは何ですか？

答え5　アルゴリズム的ではない方法でリフレクティブ（reflective）なアーキテクチャに支えられて状況に適応的に対処することです。

知的なタスクという意味での知的さは、ある程度時代とともに変化してきました。昔、コンピュータがなかった頃は計算することは誰もが知的な行為と認識していましたが、文字認識のようなパターン認識も今では知的なタスクとは見なされていません。このことからも、それが知能とは何かという問いに関しては重要な役割は持っていないことが見て取れます。以下では「知的である」という言葉を、上の二つを区別しないで使いますが、主に**答え4.2**の意味を指して使うことが多いと言えます。

問い6　なぜアルゴリズムに従うと知的に振る舞えないのですか?

答え6　何をしているかということ自体を認識して、自分自身の行動を説明することができないからです。

何をしていても、何をしているかということ自体の認識とその意味をわかっていることが知的であることの重要な要素の一つでしょう。それが柔軟に適応する能力の本質的要素の一つです。その意味でアルゴリズムの実行は、その種の知的さは原理的に持ち得ないという点で知的とは言えなくなります。より具体的に言えば、与えられたゴールを達成する仕事をしているときですら、自身の行為をモニタリングして、必要であればさらに上位のゴールに置き換えてよりよい解を見つける能力などは、後でも述べますが、知的能力の中でも高度な能力と言えます。そして、そのようなシステムは自身の振舞いを説明することができます。

知能の要素

問い7　知能を構成する要素にはどんなものがありますか?

答え7　知能の要素を挙げてみると、以下の六つがあると思われます。

一、推論と思考
二、学習と記憶
三、問題解決
四、言語とコミュニケーション
五、自己認識とメタ認知
六、先の五つのすべての基盤となる記号処理を支えるための、実世界と記号の双方向変換機能実際にこれらの機能を実現する（している）かどうかではなく、それを実現する能力を持つかどうかが、それが知的であるかどうかを決定づけます。そして、知的であることのために特に重要な能力は自己認識／メタ認知機能であると思われます。もちろん、六がなければ実世界で人間は知能を発揮し得ないという意味で極めて重要です。

問い8　アルゴリズムはなぜ説明を生成できないのですか?

答え8　アルゴリズムには状況とか状態という概念がないからです。アルゴリズムでは任意の時点での状態や状況は通ってきた道筋（プロセス）に分散してしまっていますし、ある処理や分岐における意思決定の根拠の説明に、どこまでさかのぼれば適切な理由として認定できるかが不定です。一方、例えばプロダクションシステムでは常に状況がワーキングメモリ（working memory）に明示的に示されており、各処理がどの状況や状態に反応して行われたかが確実に補足されている。そしてさらによいことには各処理は直接実行されることはなく、推論エンジンが「わかった」上で処理を選択し実行しています。このことは知的であることの重要な要素であるリフレクション（reflection）が素直な形で実装されていることになります。

問い9　プロダクションシステムもアルゴリズムではないのですか?

答え9　いいえ違います。

問い6と8を正しく理解するには、いずれもアルゴリズムとは何かということを明確にする必要があります。コンピュータで実装可能なものはみな所詮アルゴリズムなので、**問い6**でいうアルゴリズムもプロダクションシステムも[3]同じアルゴリズムの一種になってしまうという考えはある意味で正しい。しかし、大変危険な「正しさ」なのです。

例が古くて恐縮ですが、「FORTRAN（昔、一世を風靡《ふうび》した数値計算用のコンピュータ言語）で

3 ―「もし〜ならば（if）そのときは（then）〜しなさい」という形式の規則で構成される人工知能プログラム。

はリスト処理ができないからＡＩ研究には使えない」という人に対して、「いいえ、できます。ＦＯＲＴＲＡＮでＬＩＳＰのインタプリターを作ればよいのです」という答えはどこかおかしい。質問した人は「そうすればできるのは当然ですが、それを許すとＦＯＲＴＲＡＮという言語の特性（範疇《はんちゅう》）を無視した乱暴な議論になってしまいます」と答えるでしょう。もう一つ例を挙げますと、認知とメタ認知は同じかという問いを考えるとします。確かに、メタ認知も頭の中で行われているので認知の一種であることには違いない。したがって「メタ認知 is-a 認知」であるという主張は正しい。しかし、両者は同じではありません。メタ認知は認知行為を対象とした認知であり、メタ認知と対比したときの「認知」は認知行為ではない普通の「ものごと」を対象にした認知行為を指すので両者は対比するに値する別の行為です。

ここで大切なことは、対比すべき概念は何かということと、概念化された世界の境界を超えるときには注意が必要ということです。**問い６**のアルゴリズムはプロダクションシステムと対比することを前提にした、通常の手続き実行のアルゴリズムであり、「リスト処理ができないＦＯＲＴＲＡＮ」に対応するものなのです。したがって、「アルゴリズム」でプロダクションシステムを実装したからといって、「アルゴリズム」が説明能力を持つと主張することは適切ではありません。

個、集団、インタラクション

これまでは一つの個体としての人の知的さを議論してきました。人間は他の人やものとの協調も含めて、置かれた環境とインタラクションしつつ生きていることを考えると、複数の人の集まり全体のことも考える必要があるように思われます。そこで、分散認知やコレクティブインテリジェンス（collective intelligence）は知能の本質を問うことに意味があるかという問題を考えてみます。

分散認知

問い10　認知心理学にある分散認知という概念は、知能を考える上で重要な概念ではないのでしょうか?

答え10　知能は本質的には個々のエージェントに存在するものです。

分散認知とは、複数のエージェント（agent）で一つのコミュニティが形成されているとして、そのコミュニティにおける知識や認知は各参加エージェントに閉じたものではなく、そこにあるオブジェクト、ツールそして他のエージェントに分散して存在すると主張する理論、あるいは枠組みです。しかし、この理論も知能とは何かを語る上で本質的な意味は持たないと思われます。知識や認知、そして知能はあくまでも個人のものです。複数のエージェントが協調して問題解決を行うときに問題解決プロセスが各エージェントに分散するのは自明のことです。協調によって生まれた記憶や得られた知識がそのときのコンテキストに依存しているのも当然のことですので、ことさら強調する必要はありません。そして、依存するからといって知識、認知や知能がエージェントの「外にある」ことにはなりません。思い出すときのきっかけにそのときのコンテキストが必要であったり、効果的だったとしても、それらがエージェントの外にあることにはなりません。協調に参加したエージェントが再会することによって初めてそのとき共有したであろう成果や雰囲気に酔うことができたとしても、単にそのことを契機として思い出しただけであり、思い出されたものは個人の中にある記憶です。もちろん、知能の一つの要素に他者を含む環境とのインタラクション／コミュニケーションがあることは言うまでもありません。それは各個人が持つ協調能力であり、使った能力は通常の知能です。

問い11　環境とのインタラクションに知能の本質はありますか?

答え11　ないと思います。

全生物の成長、発達、学習は、環境とのインタラクションをとおして行われることは疑いようもない事実です。しかし、人間がそのように成長したからといって、そこに知能の本質があるということにはなりません。それは生物の生命活動の一つの重要な側面ではあります。そして、人間が最も環境とのインタラクションにおいて進化しているとしても、それが知能の本質を形づくっていることにはなりません。実社会の問題解決では、環境とのインタラクションが重要となり、四番目の能力が注目される度合いが増えるだけのことです。

コレクティブインテリジェンス（collective intelligence）は集団として発揮される知能であるので、話題としては魅力的ではありますが、「知能の本質とは？」という問いへの解答には貢献しません。

情報処理の世界だけで行われている人工知能研究は根無し草？

問い12　シンボルグラウンディングに知能の本質はありますか？
答え12　ないと思います。

シンボルグラウンディング（symbol grounding）が一時注目されたことがありました。ロボットの分野では当然のことですが、これがないと話にならないので自明のことかもしれません。記号主義の限界を指摘するコンテキストで、実世界にグラウンディングされていないコンピュータ内に閉じている記号処理の世界では実社会知能を表し得ません。使われている記号が実在する実体にグラウンディングされていない、根無し草的システムになってしまうという指摘です。確かに一理はあります。しかし、翻って人工知能研究全般を検討してみますと、大半は根無し草的研究となってしまいますが、それが間違っているということにはならないことを考えますと、その指摘も「一理はある」という理解でよいということでしょう。

ここで誤解防止のための説明をしておきます。六の能力はシンボルグラウンディングや環境とのインタラクションと近い関係にありますが、意味は大きく異なります。特にシンボルグラウンディングは主に記号が実在のものに対応づけられている「こと」を指しますが、六の能力は実際にグラウンディングされているかどうかに関わりなく、実世界について観察や経験をして必要な物事を記号化して取り出す「能力」を指します。中島氏も指摘している高級なパターン認識機能です。この機能があって初めて記号処理に基づく知的処理が実世界に対して意味を持つことになります。

この問題は卑近な例で言うと、スーパーに買い物に行ったときに実際に買ったものの値段と財布の所持金の計算が正しくできる能力と、教室で四則演算の演習問題を解く能力の問題と相似の関係にあります。98円の大根を2本買ったときの合計金額の計算と、教室で98×2を実行することの対比です。この例の場合には、スーパーでは計算がうまくできるが、教室ではしばしば失敗する子どもがいると言われています。しかし、グラウンディングされていないという批判を受けるのが普通であるので、その批判で言うと、計算の場合と逆で、教室では問題を解けるが、現実の問題では解くことができないということになります。大根の例ではさまざまな現実問題の枝葉末節を捨象し抽象化して、抽象化された一般性の高い計算を実行するという逆の能力が問われているという点が面白いと言えます。

問い13　身体性やインタラクションに、知能の本質はありますか?

答え13　ないと思います。

身体性、インタラクション、いずれも新しい知能の側面ではあります。身体運動に関連する知能に関して身体性が本質であることは言うまでもありませんが、それ以上のものにはなり得ないでしょう。実社会知能というものがあるとします。身体性と社会性などを総合的に加味した知能という考えもありますが、知的な振舞いを議論するときには（頭の中だけで行われる推論や問題解決だけでの話とは異なり）実社会に存在する物事とのインタラクションが必要となるので重要な要素となります。しかし、それはあくまでも行動に関してのものであり、それを生み出す知能とは何かという問いに答えるというコンテキストにおいては本質的なことにはなりません。行動に関わる事柄に関しては、机上で理科の問題を解くことと、セールスマンが売上を伸ばすために努力することとは大きく異なりますが、頭の中でやっていることはほとんど同じだからです。

創造性、関連性

問い14　人間の知的能力の中で重要なものは？
答え14　関連性の認識や状況の把握です。

一人の人間の知的さの議論に戻ります。知能は創造的な仕事ができます。それでは、人工知能は創造的であり得ますか？　この問いに答えるには「創造的」が意味することを明らかにしなければなりませんが、これまた難しい問題ですので、以下の議論は軽く聞き流していただきたいと思います。

常々思ってきたことですが、私が人間の知能で感心するのは創造的なことよりも、関連性の認識や状況の把握能力が優れていることです。創造性は設計と親和性が高く、レベルというものをいくつか導入することができます。例えば、

一、小さなパラメータの改善
二、既知部品の新しい組合せ
三、異分野で既知の原理や方法の導入
四、未知の方式や原理の発想（発想後はなぜ、どのように良いかの説明が可能）
五、発想後も説明できない突飛な発想
六、完全に新規な理論の形成

のようなレベル分けです。したがって、ある程度は、創造性のどの程度の能力を解明しようとしているかを議論することができます。しかし、関連性の認識などはこのような手がかりがないので説明することが難しい。それと、議論をしているときに、質問に対する回答や反論すべき内容がほとんど瞬時に浮かんでくることが挙げられます。浮かんだ後でなぜそれで良いのかを説明することはできますが、浮か

ぶときにはその説明ほど明確に論理を追ってはいません。ただ、浮かんでくるのです。あるいは発言者の誤解の原因も議論の達人には瞬時にわかります。これは全く説明ができません。説明できないだけではなく、これらのことは創造性発揮に比べて、より日常的であることも魅力の一つです（知能とは何かという問いより、はるかに意義が深いのではないでしょうか）。

関連性の認識は特別重要であるように思います。状況の把握（認識）も関連性認識と類似した機能と言えます。すなわち、今焦点が当たっている対象に関するある理解や判断をするために関連する（そして効果的な）情報を集めたものが状況、あるいはコンテキストだからです。関連性をうまく見つけるには幅広い知識を持っていることが必要であると同時に、関連性に対応するリンク（関係：因果性、部分性など）を豊富にきめ細かく持っていて、それをその時点でのゴールや対象に合わせて柔軟に使いこなすことが必要なはずです。したがって、思考操作は多岐にわたり処理時間は大きくなると思われます。しかし、現実には人はそれを瞬時にかつ適切にやってのける。これらは明らかに、記号処理と数値処理の中間に位置するようなニューラルネット的処理が行われているように思われます。

それ以外に著者が興味を持つ知的能力の中で、「いくら頑張ってもこの問題は解ける気がしないけど、問題の設定が悪いのでは？」と考えるようなリフレクティブな思考です。このようなメタレベルの思考は知的であることの本質の一つであると思われます。そして、問題設定を変更した後、新しい問題空間（探索空間）を設定して、そこで問題解決を始めることができます。この能力はすばらしい。大昔、ニューウェル[4]らのグループが開発した認知アーキテクチャのSOARには問題空間設定メカニズムが埋め込まれていました[Laird 87]。問題空間設定メカニズムをさらに強化して、実問題に適用できる強力さと適当に広い一般性を持つものに仕上げる問題は非常に興味深いと言えます。

4 ― A. Newell

知能と知識

一般性の壁

問い15　知能を大まかに言うと？
答え15　（知識＋推論（学習））／アーキテクチャ

さて、人工知能研究とは何かという本題に戻りましょう。結局のところ、先に挙げた六つの要素に関わる研究ということになります。大まかな議論で恐縮ですが、

知能　＝（知識＋推論（学習））／アーキテクチャ

という図式はある程度は正しいと思われます。もちろん、アーキテクチャにはメタな構造を加えて自己認識機能を導入することと豊富な推論と記憶とを支える仕組みの導入が前提です。そこで、人工知能研究者に聞いてみます。知識も推論も両方とも大事ですか？ 99％の人がハイと答えるでしょう。そこで、あなたは、知識、推論、アーキテクチャの中のどの研究をしたいですか？と聞くと99％の人は知識以外と答えると予想されます。それほど知識は研究課題としては人気がない。なぜか？

ここで突然、上で述べた知能の六つの要素に知識が含まれていないことに気づきました。これは少なくとも私にとっては新鮮な気づきです。知「能」は能力に直接関連する概念です。知識はどのようにこじつけても能力にはなりません。その意味で知識は知能世界では継子なのかもしれません。実際、もともと頭の中にある能力的なものではなく、後天的に獲得したものであり、各種能力が参照するデータ的様相が強い。しかし、実際に知識が知能の世界において継子であったとしても、知識がなければ知能はほとんど発揮し得ません。ソフトがないコンピュータのようなものになってしまいます。ということで、知識は知能発揮において重要な要素であるということにしておきます。もちろん、認識論にまで踏

み込めば、ものを知る能力までさかのぼって、人はなぜ外界で起こっていることの観測をとおして、物事を知り得るのかという問題は六つ目の知能に関連する深い問いです。しかし、それは哲学の領域ですので、本章ではそこまでは踏み込まないこととします。

問い16　知識はなぜ研究の対象になりにくいのですか?

答え16　ドメイン知識は一般性がないからです。

知識が研究の対象になりにくいという問題に戻ってエキスパートシステムの時代はどうであったか思い出してみます。ファイゲンバウム教授[5]が主張した知識工学は、推論ではなく知識に問題解決力の源泉があるという「Knowledge is power」[Feigenbaum]原理に基づいて、一九七〇年後半から二〇年弱の間、知識工学旋風が吹き乱れました。では、その時代に知識の研究がなされたのかというと、残念ながら答えはノーです。ただひたすら（大規模）ルールベースが構築されただけであり、唯一の知識関連と言える研究は知識獲得研究[Proc.]でした。エキスパートシステムは研究ではなく「開発」としてとらえられました。その中で、著者らは山口高平先生と一緒に深い知識[山口 87]やタスク知識[Mizoguchi 95]という知識工学の本流とも言うべき研究をしていました。そして、言うまでもなく、それが今のオントロジー工学を推進する原動力となりました。

著者と著者の研究室の懸命の努力にもかかわらず内容指向研究[溝口 96]がなぜ広まらなかったのかという問題を考えてみます。内容、すなわちドメイン知識には一般性がありません。そのドメイン固有性という概念はシステムの欠点を指摘する言葉であることのほうが、長所を言うときよりはるかに多いのです。研究成果は一般的でなければなりません。それは研究（学問）の宿命です。科学の真理も工学の技術も適用範囲が広ければ広いほど重宝がられます。特殊な状況における真理は、「それはそうでしょうが、私には関係がない」と言われる確率が高い。そして残念ながら、ドメイン知識は本質的に一般性がありません。一般性があるのはアーキテクチャと推論だけです。

一般性が重要であるからといって、一般性だけを重視して追求すると根無し草的ＡＩ研究になってし

5 — E. Feigenbaum

まう可能性があります。といって、推論がドメイン依存である（グラウンディングされている）と言うのには違和感があります。システム全体としてのグラウンディングは知識が面倒を見るべきなのでしょう。すると、以下の問題が深刻な問題として顕在化します。

「一般性の壁」

ドメイン知識が持つ一般性の壁を越える必要性

実は、オントロジー工学はこの一般性の壁問題を解消して知識工学を救う救世主としての使命を背負って生まれたと著者は考えています。そのオントロジー工学とは何でしょうか、そしてなぜ良いのでしょうか？

オントロジー研究［溝口 12］

問い17　オントロジー工学とは何ですか？

答え17　存在物自体をドメイン固有性を超越した視点から検討して、存在物の一般性を際立たせ、知識を深く理解することに貢献する工学的な学問です。

知識はすべて何かに関する知識です。その「何か」は存在物と存在物間の関係が中心となります。オントロジー工学は存在を工学的に議論する学問ですので、存在物に関して多くを知ることによって知識を深く理解することに貢献します。表層的に言えば知識表現に貢献します。

オントロジーは存在物自体を、ドメイン固有性を超越した視点から検討して、存在物としての一般性を際立たせる形で概念化を促進します。人工物とは何かという問いは発しますが、ポンプとは何かということは問いません。機能とは何かは真剣に検討しますが、ポンプの機能には何があるかは検討しません。そして、機能と振舞い、属性（attribute）と特性（property）や、プロセスとイベント等の一見類似した概念はどこがどう異なるのかを検討します。

問い18　教師は人間ですか?

答え18　いいえ。ただし、「教師 is-a 人間」であるかという質問の意味においてです。
教師はロール概念です。

このように、物事を深く考察するので、例えば行為のインスタンスとイベントのインスタンスの違いを説明することができますし、なぜ「教師 is-a 人間」とモデル化することが不適切であるか説明できます。part-of 関係には意味論的に何種類の関係があるのかを考察して、例えば、

「木 part-of 森」、
「夫 part-of 夫婦」、
「エンジン part-of 車」

の三つの全体部分関係がどのように異なるかを説明できます。また、

「オミナエシ is-a 秋の七草」と
「オミナエシ part-of 秋の七草」

のどちらが正しいのかという問題に答えることもできます［溝口 05］。

これらは現実世界を対象として知識を工学する際に陥る可能性のある概念の混同を避けることに大きく貢献します。さらに、事物の間の関係を同定する際の指針も提供します。これらの深い考察の結果、正しい「is-a」階層を提供し、ドメイン依存の概念が相互にどのクラスに属する概念であるのか、何段階層を上ると同じクラスを親クラスとして共有するかということを明確に示すことによって、相互の共通性と相違点を明確に示すことができます。このように、オントロジー工学は、概念の相互運用性を促進することによって（ドメイン）知識の一般性の壁を越えることを助けるための理論と技術なのです。

問い19　表現力が十分ある知識表現言語と推論エンジンがあれば、それに知識を入れさえすれば、それなりの推論システムが作れますか？

答え19　いいえ。

オントロジー工学はまた、内容指向研究［溝口 96］の核になる理論であることを忘れてはなりません。内容指向というコンテキストの下で熱く語ってきたことですが、多くの人工知能研究者は、「表現力が十分ある知識表現言語と推論エンジンがあれば、それに知識を入れさえすれば、それなりの推論システム（問題解決システム）が作れる」と考えているように見えます。「いや、そんなことはない」という反論が聞こえてきそうですが、反論の典型は「推論エンジンが遅いので、知識を書いたからといって問題が実時間で解けるかどうかわからない。エンジンの高速化が必要になるし、速度と表現力のトレードオフ問題という大きな問題を解決しないといけない」というものでしょう。その反論は正しい。正しいですが、全く不十分です。それは、形式指向研究の範疇内での解答なのです。実問題を相手にすると、「知識を入れる」ことが極めて難しい。あるドメインにおけるある種の問題を解くために入れておくべき必要十分な知識を収集し、理解してその構造を確定することは気が遠くなるほど難しい問題なのです。「きっとそうなのでしょう。でも、それは研究の対象になりにくいのでは？　だってほとんど定式化できそうな一般性が見えません」まさしくそのとおりで、著者もそう思います。ただし、この意見の人と異なるところは、この人は「だから研究しない」と結論するのですが、著者は「だから研究する」となる点です。著者の研究グループはそういう心意気でオントロジー工学を実践してきました。ドメイン依存の概念を組織化するための指針とテンプレートを与えてくれる、オントロジー工学とはそういう学問なのです。

よく言われることですが（そして、**問答1〜5**が示唆することでもありますが）、推論しないシステムは知的とは言えません。じゃあ、溝口研究室が作ってきた多くのシステムは推論しないので、溝口研究室は人工知能研究をしていないということになってしまいます。果たして、この批判に対してどのように対処したらよいのでしょうか？ 確かに「知能」に関する研究はしていませんが、知能を発揮するために不可欠な「知識」に関する研究をしていると言うことができます。実際、「一般性の壁」の項（59ページ）で論じましたように、オントロジー工学は知識を理解するための基盤となる理論を提供します。そして、知識は知能を発揮するために不可欠な基盤要素であり、**答え3.1**に従えば、オントロジー工学は知能の研究に貢献していると言えます。

本音

問い20　そもそも、人工知能とは何かという問いは、論じるに足るのですか？

答え20　いいえ。(^^;)

ここまで、人工知能とは何かという問いを真剣に論じてきましたが、ここで少し本音の話をしましょう。人工知能は自然知能に匹敵するものになり得るのですか？ コンピュータは意識を持てますか？ とかいう議論はお酒を飲みながらするのは楽しいですが、その結論を特別に重視する必要は、私は何となくないと思ってしまいます。どちらになっても人工知能研究は変わらないと思われるからです。

例えば、コンピュータが本当に恋ができるかどうか？ コンピュータが漫才を聞いて心底笑えるか？ それは、コンピュータを人に置き換えてもあまり代わり映えがしません。人は本当に人を愛せるか？ この問いは十分に吟味する価値があります。我々人間の間でも、他人が自分と同じように感じて笑って恋をしているというのは幻想かもしれません。所詮、他人のことは観察されるすべての情報から「推察した」結果にすぎません。あるいは、自分の中で起こっていることをそっくり他人にインポーズ(impose)しているだけでしょう。ということはコンピュータに人を愛せないという結論が出たとしてもたいしたことではないように思えてしまいます。

そもそも人工研究者は「人工知能とは何か」という問いに明確に答えを持っておくべきなのでしょう

か？　他の研究分野の例を考えてみましょう。

問い21　オントロジー工学者はオントロジーの標準定義を持っているのですか？

答え21　いいえ。

オントロジーがはやりだした頃は、「オントロジーとは何か？」という議論が盛んに行われました。そして、残念ながら全員が合意できる定義は得られませんでした。今では、オントロジーを定義する議論はやめるというのが研究者の暗黙の合意となっています。人工知能も同じことが言えるのではないでしょうか。

問い22　工学者・技術者は、日夜機能的人工物を作っていますが、人工物や機能とは何かという標準定義を持っていますか？

答え22　いいえ。

工学の世界では人工物や機能が何かということについては、いまだに定義が終わっていません。興味すらないと言えます。工学者はそのような問いに興味は示すかもしれませんが、通常は議論の対象にはなりません。それらの話題は、オントロジー工学が盛んになってようやく、オントロジーの会議などで真剣に議論されるようになりました。しかし、現場の多くの工学者や技術者はエンジンやポンプの機能についてはいくらでも熱く、詳しく述べることができますが、機能とは何かには自己流の定義を述べるか、興味を示さないでやり過ごしてしまいます。そして、いまだに、機能とは何かについては世界の誰も知りません。

問い23　医療の分野では疾患とは何かという標準定義を持っていますか？

答え23　いいえ。

医療の分野でも、疾患とは何かという定義は確立されてはいません。医者は糖尿病、虚血性心疾患など個別の疾患については熱く、詳しく説明できますが、それらの最上位に位置する「疾患とは何か？」という問いには答えることができません。

これらのことは人工知能研究にも当てはまります。いや、当てはまらないほうがおかしいと言えます。結局、人工知能研究者としては何を研究するかが大事であり、それは「知的である何かを作ること」と「それに貢献する何かをすること」であると思われます。その観点から見ても、コンピュータが人と同じように意識を持てるか、人工知能研究者は自然知能を工学的に作れるのかという問いの重要性は下がってしまいます。

問い3のもう一つの答えとして以下のものがあります。

問い3　人工知能研究とは何ですか？

答え3.2　人工知能を構築する過程をとおして構成的手法で知能とは何かの解明を目指した研究です。

この解答は重要で、逆説的ではありますが、私は知能とは何かという問いは人工知能研究の結果としてわかることであって、はじめにわかっておく必要はないと思います。なぜなら、それが人工知能研究の定義なのですから。

以前、著者が今より若かった頃、知識処理とか知識工学とかいう言葉を使って学生が学科全体のゼミで発表していると、「君が言う知識とは何ですか？　定義を教えてくれませんか？」とおっしゃる先生がいました。学生がそれに答えられないと、「定義をしていない言葉は使わないようにしてください。聞いているほうは全然わからないので」というダメ押し発言がなされることがありました。一見「定義なしに言葉を使うな」という主張は正しいように聞こえますが、「知識」に関しては適切でないように感じていました。その理由は、おそらく、知識が何であるかは知識工学や人工知能研究が完成した暁に明らかになるものであるような気がするのです。人工知能が何であるかも、それが完成して初めてわかるものではないでしょうか？

むすびにかえて

最後に他の解説との関連について言及しておきましょう。まず、第1章の中島氏の話と著者の話があまりかみ合っていないように感じる読者のために一言。よくかみ合ってはいないように見える理由としては二つあると思われます。一つは、中島氏が種としての人間（動物）を念頭に置いて知能を語っていますが、私は完全に個人としての人間の知能を語っているからです。ちょうど、宗教家が神の愛を語ることと恋人同士が二人の愛を語ることの差と相似です。もう一つは、中島氏は知能をどちらかというと外部仕様から攻めていますが、私は内部仕様から攻めています。どちらが良いかの問題ではなく、二つは相補的でしょう。

第2章の西田氏の解説は一般市民の目線でずいぶんわかりやすく書かれています。知能を著者より広くとらえて心まで広げて、一般市民が思う十全な人の頭脳を持つ人工知能キャラクターを作る話に焦点を当てています。

著者の意見の前提として、すべての動物に共通する（生命の）知能と呼べるものは中島氏が論じているので省略し、主に人工知能研究が対象としている、人間が特に優れていると思われる知能について論じています。したがって、著者は本章で述べた知能だけで自然知能が構成できるとは夢にも思っていません。例えば、自然知能を構成するのであれば、図3・1に示すように、中島氏の言う知能をコアにして生物として持つべき核知能を最下層においてその上に西田氏の心と私の人間としての知能を配置すればよいという構図になっていると思われます。

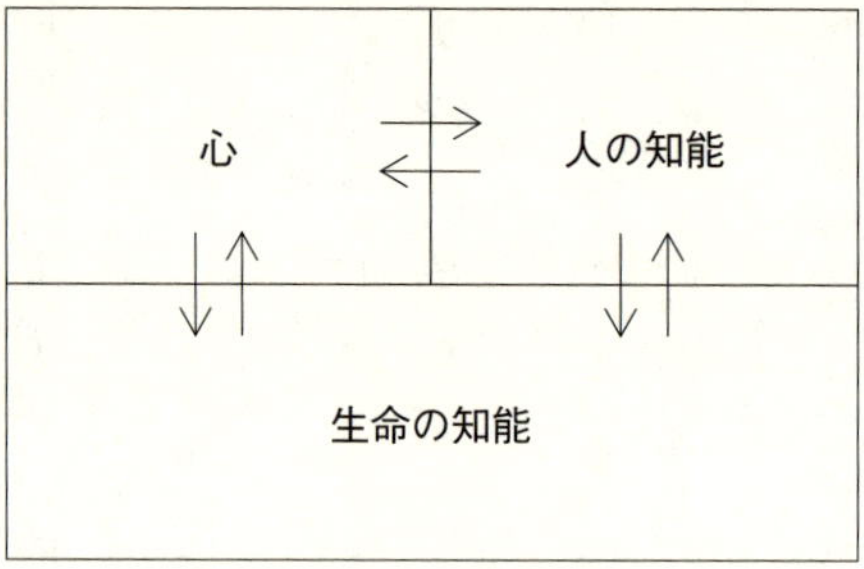

図 3.1　自然知能の階層

参考文献

[Behaviorism Wiki]　http://en.wikipedia.org/wiki/Behaviorism

[Cognitivism (psychology) Wiki]　http://en.wikipedia.org/wiki/Cognitivism_(psychology)

[Constructivism Wiki]　http://en.wikipedia.org/wiki/Constructivism

[Ertmer 93]　Ertmer, P. A. and Newby, T. J., Behaviorism, cognitivism, constructivism: Comparing critical features from an instructional design perspective, *Performance Improvement Quarterly*, Vol.6(4), pp.50–70 (1993)

[Feigenbaum]　Feigenbaum, E., http://www.computerhistory.org/fellowawards/hall/bios/Edward,Feigenbaum/

[Laird 87]　Laird, J., Rosenbloom, P., and Newell, A., Soar: An Architecture for General Intelligence. *Artificial Intelligence*, Vol.33, pp.1–64 (1987)

[三宅]　三宅なほみ（私信）

[Mizoguchi 95]　Mizoguchi, R. *et al.*, Task Ontology for Reuse of Problem Solving Knowledge, *Proc. of Knowledge Building & Knowledge Sharing 1995 (KB&KS'95), Enschede, The Netherlands*, pp.46–59 (1995)

[溝口 96]　溝口理一郎，形式と内容—内容指向人工知能研究の勧め，『人工知能学会誌』，Vol.11, No.1, pp.50–59 (1996)

[溝口 05]　溝口理一郎，『オントロジー工学（知の科学）』，オーム社 (2005)

[溝口 12]　溝口理一郎，『オントロジー工学の理論と実践』，オーム社 (2012)

[Proc.]　Proceedings of the Nth Knowledge Acquisition for Knowledge-Based Systems Workshop, Banff, Canada.

[Socio-constructivism EduTechWiki]　http://edutechwiki.unige.ch/en/Socio-constructivism

[山口 87]　山口高平，溝口理一郎 他，深い知識に基づく知識コンパイラの設計，『人工知能学会誌』，Vol.2, No.3, pp.333–340 (1987)

手書き文字認識や画像処理、自然言語処理、機械翻訳の各分野で優れた業績を挙げ、京都大学総長、情報通信研究機構理事長、国立国会図書館長を歴任した日本学士院会員である長尾真先生は、人間の脳を感覚器官からインプットされた情報を記憶し推論する大脳と、結果を運動器官にアウトプットする小脳、全体をコントロールする脳幹に分けてモデル化したときに、脳の働きを工学的に実現することが理想の人工知能だと述べています〔**問い1**〕。

長尾先生は、「認識」は受け取った情報が大脳の中に蓄積された記憶のどの部分と似ているかを検出する機能であり〔**問い2**〕、受け取った情報からある結果を推論することが「考える」ことで〔**問い5**〕、多くの推論の中から一つを選び出して行動に移すことを「判断」と呼ぶことを提案しています〔**問い6**〕。一連の推論プロセスで、それまで気づかなかったつながりを自覚するのが「発見・創造」です〔**問い9**〕。

また、類似の情報が近くに局在するように記憶され、全体が抽象化されると「知識」となり〔**問い4**〕、その知識を増やし「認識→判断→行動」というサイクルを強化するのが「学習」です〔**問い7**〕。これらの機能全体が整合的に動く状態が「知能を持った状態」で、脳幹はある種の化学物質の分泌（それが感情を生起します〔**問い12**〕）を通じて、これらの機能を制御していると考えるのです〔**問い11**〕。

人間頭脳の働きをどこまでシミュレートできるか

長尾　真

はじめに

本書ではすでに三名の第一線の人工知能研究者の論考が発表されています。ここで同じような立場での議論をしても読者にとってあまり意味を持たないだろうと考え、これら三名の方々とは全く違った見方、アプローチを取ることにしました。

これからの人工知能は脳の働きを参照することによって新しい課題や方向性が見えてくるのではないか、という観点で考えました。乱暴な議論で間違っていることもあるでしょうが、おつき合い願いたく存じます。このシリーズは多くの関心のある人々の議論を巻き起こすことを目的としたものでしょうから。

問い1　人工知能とは?

答え1　人間の頭脳活動を極限までシミュレートするシステムです。

理想の人工知能は人間の頭脳活動を極限までシミュレートする（コンピュータソフトウェア）システムでしょう。人間頭脳の働きの解明のために脳生理学、神経科学、心理学、認知科学などの研究が進んでいますが、まだわからないことばかりです。ここでは脳の構造を図４・１に示すように、

大脳——情報・知識の記憶と論理的推論機能
小脳——運動の指令機能

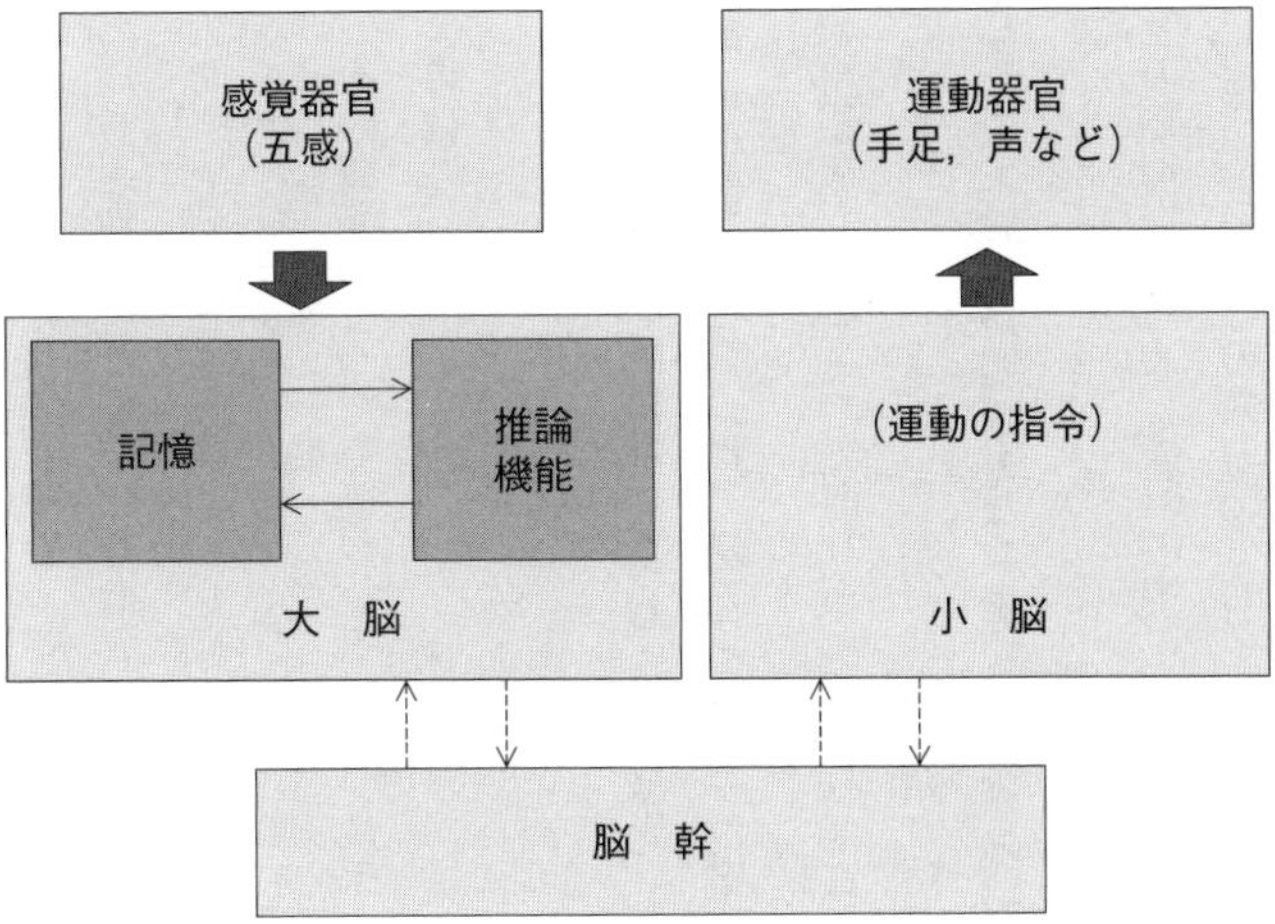

図 4.1　脳のモデル［長尾 13］

脳幹――脳活動全体を支えて制御する機能、感情の機能

という三つの機能部分からなるという非常に荒っぽく単純化したモデルで考えます。感情は大脳辺縁系が深く関わっていますが、ここではこれも脳幹に含めてモデルを簡単化して説明することにします。

脳は感覚器官（五感）から来た情報を受け、これら各部分がどのように働き、その結果どのような出力（小脳の働きによって運動器官を働かせる指令）を出すかをコンピュータソフトウェアで実現し、これを人間の認識、判断、行動にどこまで近づいたものにすることができるかを研究するのが、これから目指すべき最も重要で魅力のある人工知能研究だと思います。ただし工学的な目的に応じて頭脳活動の一部を省略したり、その機能をまったく違った工学的システムで実現する場合もあり得ます（飛行機は鳥のまねではないように）。

問い2　認識とは？

答え2　類似性を検出する脳内機能であり、受け取った情報を記憶構造の中での整合的な場所に位置づけることであると考えてはどうでしょう。

人間は外界からの情報を五感によって取り込んでおり、これらを認識し、次の段階、すなわち推論や判断、行動に移すことを行っています。その場合の認識とはどのようなものか、これをコンピュータで実現するにはどうしたらよいかが問題となります。認識の典型的なものに図形や音（声）、言語、味や臭い、触覚の認識があります。こういった場合、受け取った情報が認識対象の置かれている環境、文脈などの情報・知識との類似性を考え、大脳の中に蓄えられている記憶のどの部分とどのように関係しているかを判断し、記憶構造の中での最も整合的な場所にその情報を位置づけることを認識といってよいのではないでしょうか。類似性検出や記憶は神経回路網のある部分をパルスがぐるぐる回る形で行われている可能性があります。工学的にはパーセプトロンモデルの新しい方法論による再来となってゆくのでしょうか。人間の認識においては、どの範囲の環境、文脈をどのように判断して使うかが大きな因子

となりますが、コンピュータでそれをどの程度実現できるかは難しい問題です。

問い3　同一性、類似性、抽象化とは？

答え3　ある事柄を記憶している神経回路網が同一あるいは類似の情報によって活性レベルが上がることと考えてはどうでしょうか。

脳における認識活動は同一性、類似性検出の能力に支えられていると考えます。これが大脳の複雑な神経回路網でどのように行われているかを知りたいわけです。ある情報が大脳に入ってきたとき、それが大脳の神経回路網のある記憶構造の上を流れたときに最もよくその部分が活性化されることによって類似性が検出されたと仮定しましょう。

まず、ある事柄（認識対象の情報あるいは概念）は脳内のニューロン群の複雑に結合した構造によって記憶されていると考えます。そこである情報が入ってきて記憶の神経回路網上を流れ、ある特定の記憶構造部分にマッチしたときに同一性が検出されるわけです。ここでマッチするとは神経回路網中のある記憶構造のところの活性レベル（活動電位）が高くなることに対応します。類似したものが入ってきたときはその記憶構造のかなり広い部分の活性レベルが上がる場合と考えます。類似のもの（つまり、それらには共通する部分（特徴）がいろいろとあるということ）がたくさん入ってくると、神経回路網の記憶構造の中のそれらに共通する部分（特徴）に当たるニューロン群の活性レベルが特に上がってゆく。つまり、類似のものに共通して存在する特徴に相当するニューロン群が特に強化されてゆくと考えます。

抽象化とは、概念的に言えば多くの類似したものに共通する特徴を取り出すことと言えますが、神経回路網ではここに述べたように共通する特徴に当たる記憶回路網部分の活性レベルが強化されている記憶構造を指すと考えてはどうでしょうか。このような形で抽象化されたレベルのものが知識であると考えます。認識対象の微細な部分の差異は神経回路網上では低い活性レベルのところにあって、ほとんど無視されています。ただ二つの事柄が同一であるかどうかを判断しなければならない場合には、微細な部分の同一性、差異性に関心が向くので、それに対応する神経回路網部分の活性レベルが上げられ、差異が調べられることになります。

問い４　知識とは？

答え４　類似の情報が近くに局在するように記憶され、これら全体が抽象化された状態の下にまとめられたものであり、また関係を持つ知識がつながっている構造であると考えられます。

人間の記憶には短期記憶と長期記憶があります。短期記憶は海馬にあって、ある期間の後に大脳皮質に移されて長期記憶となり、これが知識と言われるものに固定化されると言われています。大脳の中は膨大な数のニューロンが複雑なネットワーク構造をなしていますが、そこで記憶がどのようになされ、また関連する情報のつながりや連想的記憶がどのようになされているかが脳生理学によって解明される日が待たれます。**問い３**に述べましたように、感覚器官から得られる情報で類似のものが近くに局在するように認識されて記憶され、これら全体が抽象化された状態の下にまとめられたものを知識といってよいでしょう。また、関係する知識が相互につながって連想的に記憶されていることが知識全体として重要です。こういったことについてある種のコンピュータモデルを考えて、情報から知識への抽象化をコンピュータの世界で実現することはできると思われます。また、すでに百科事典などに作られている知識を体系的にコンピュータ上に実現して使えるようにすることは非常に大切です。私が努力している理想の電子図書館の内容は、人間頭脳における知識の構造と同等のものであります。

問い５　考えるとは？

答え５　ある情報からある結果を推論することであると言えるでしょう。

知識には二種類あると考えられます。一つは情報や概念そのもので、もう一つはAならばB（A→B）という推論形式のものです。哲学者ヒュームは、二つの事象が常に共起すればこの形の因果関係が成り立つと人は考えるのだと言っています。この定義であればコンピュータも実現できる可能性はあるでしょう。これが推論の基本形ですが、連想もこれの確率的な場合ととらえることができます。この形の知識を連鎖的にいくつも繰り返して使うことによって、ある情報からある結果を推論することが「考える」ことと言ってよいでしょう。これは知識のネットワークをたどることに対応します。「問題解決」はこれの延長線上にあります。考えることや問題解決には「探索」のプロセスが深く関わっています。

特定の推論経路が頻繁に使われると、そこにある種の化学変化が起こり、パルスが通りやすくなって、これが一つの知識となって思考の効率化が起こると考えてよいでしょう。一つの情報からいくつものルートで推論できますが、よく使われるルートは一種の癖であり、これが人間の考え方の傾向を作ります。これには脳幹からのある種の制御が働いている可能性があります。これが人の個性を形づくる基になるのでしょう。神経細胞レベルで、これがどのようなことに対応するのかがわかれば、この分野は一段の飛躍を遂げるに違いありません。

この一連の推論のプロセスは、将棋のような閉じた世界であっても天文学的なステップに達しますが、我々のいる実世界のように開かれた世界では終了することが保証されません。だからノイローゼになるか、完璧を追求せず、数ステップといういい加減のところであきらめるかということになるわけです。コンピュータ将棋はプロの棋士に勝つところまで来ましたが、それが多くの対局を通じて定石のような手を自動的に発見し推論を効率化できるようになってゆくのでしょうか。そうであれば本当に人間的になったと言えるでしょう。

問い6　判断とは?

答え6　外界から得た情報を認識し、そこから推論し、その中の一つを取り出して行動に移してゆく段階を判断と言ってはどうでしょうか。

外界から得た情報を認識し脳幹からのある種の制御（考え方のある種の癖、傾向、価値観）を受けながら推論し、最も有力な結果を行動に移してゆく段階に進むことを判断と考えるのです。もちろん何も行動しないという判断もあるし、最も有力なものを決められず行動できないという場合もあるでしょう。この場合、判断基準には人間の持つべき倫理性、価値観などが関わるでしょうが、ロボットはこれをどのようにして獲得できるのでしょうか。

問い7　学習とは?

答え7　外界から得られる情報を認識し知識化し知識を増やすこと、またその認識過程や、判断を経て行われる行動過程をより確実なものにするプロセスであると考えます。

情報や知識の増強における学習とは、外界から得られる情報を類似の情報の記憶の近くに位置づけ、これら全体を一段抽象化したりして情報や知識を増強し確実化する過程と考えられます。

プロセスの学習とは外界からの類似の繰り返し入力によって認識の過程を微妙に修正しながら確実化してゆく過程、また認識から判断を経て行動し、それを感覚器官で受け止め、再び認識のルートに持ち込むというサイクルを作り上げることによって、そのサイクリックなプロセス全体を確実化し強化してゆくことと考えてはどうでしょうか。この場合、すでに記憶されている情報や知識を何度も取り出して使い、また修正して戻すプロセスも当然存在します。これは記憶の神経回路網の対応部分のパルス経路が強化されてゆくことであり、コンピュータ上ではネットワークの関係するリンクの確率を上げてゆくことと考えてもよいでしょう。行動における学習は、いわゆる体で覚えるということで、これには小脳が関わっています。

問い8　行動とは?

答え8　認識した結果、あるいはある動機から推論過程を経て行動目的が設定され、それを実現するために小脳を通じて体に指令を送ることであると考えられます。

認識した結果をAとすると、知識に蓄えられている推論過程A→BのBが運動器官を刺激する内容であるときに、小脳を通じて体（ロボット）の該当部分に行動の指令を送ることと考えます。行動は必ず感覚器官によって観察され、それの認識から判断、行動へと実時間的にフィードバックされ、刻々と目的に合うよう行動が調整される必要があります。より合理的な行動には小脳が学習的に働くのでしょう。

Bが目的である場合、Bを達成するために、A→C_1→C_2→…→Bという行為の系列を発生させて目的に近づいてゆくプロセスが設定される必要があります。この過程に探索のプロセスが関わるでしょう。探索はBを達成するためにいくつもの行為の系列（C^1、C^2、…）の可能性があるとき、どれがベストかをある範囲で探す、あるいは試みるという過程と理解できます。

問い9　発見、創造とは？

答え9　推論プロセスにおいて、それまで気がつかなかった結果を得ることです。

推論はA→Bの形の知識の連鎖で行われます。通常は数段階しか行われないが、A→B_1→B_2→…→Cというかなり長い推論プロセスが行われ、それまで気づかなかったA→Cということの存在が直接的に自覚されたとき（頭脳の中でA→Cが強化され知識となったときです。これが情報が知識になる一つのメカニズムです）、その人にとってA→Cは新しい発見であり、創造であり、知識です。直感はA→Cの可能性を思いつくことであり、その後AからCへ行くルートを探すことになります。

A→B_1→B_2→…→Cの推論のほかに、X→Y_1→Y_2→…→Cという推論があることによって、AとXとの間の関係性に気がついたとき（一種のアブダクション？）にも、一種の発見・創造がなされたと考えられるかもしれません。そのような個人における発見・創造が世の中のほかの多くの人たちの知らなかったことであったというとき、これは世の中に認められる真の創造と言えるでしょう。開いた世界における探索には無限の可能性があり、探索が終了しないという危険性がある一方で、それが新しい創造につながってゆく可能性もあるのです。

問い10　知能を持っているとは？
答え10　問い２から問い９までに述べた機能全体が整合的に動く状態であると言えるでしょう。

ここまで述べてきた機能（**問い２**から**問い９**）全体が整合的に働く状態を「知能」を持っていると定義してよいでしょう。今日このような機能は、曲がりなりにもロボットに持たせることができるでしょうから、ロボットは知能を持ち始めていると言えるのではないでしょうか。クイズ番組「ジョパディ」に挑戦してベテランに勝ったＩＢＭ社のワトソン（Watson）は、それに近いと思われます。膨大な知識を記憶し、質問に対して妥当な応答をするシステムは、これからいろいろな分野で実用化されてゆくでしょう。

問い11　脳幹の働きとは？
答え11　これまで述べてきた機能（問い２から問い10）を含め、脳の各部が行う機能を感情その他の因子によって制御する機能と考えます。

脳幹（大脳辺縁系を含む）は大脳や小脳、その他の頭脳活動にある種の制御を働かせる機能を持つと考えることができます。また、生体が生きてゆく原動力となっている器官でもあります。例えば、ある衝撃的な情報が感覚器官に入ったとき、大脳へ行き理知的判断が下される前にその情報が直接的に脳幹に行き、それが脳活動全体を強く制御し、生存のために大脳からの理知的判断の結果を待たずに小脳を通じて行動の指令を出すといったことが考えられます。

脳幹が大脳の活動の制御をするときに、陽気な方向に推論をさせずに暗い方向の推論をさせるように働くといったことも考えられます。つまり、大脳の知識ネットワークの活性化される部分とその程度を、脳幹からの指令で出される分泌物が制御していると考えてもよいでしょう。優越感や劣等感を持ったり、外界の状況判断から脳全体が緊張を強いられたりすることも、この脳幹の働きによって脳の各部が制御されるというモデルで実現できるかもしれません。人間の活動はすべての部分において正と負の双方の力が拮抗《きっこう》しながら働く構造となっていますが、ロボットではこれをどのようにするのがよいのでしょうか。

問い12　感情とは?

答え12　脳幹(特に大脳辺縁系)からの指令で出る化学物質の種類と程度によって大脳が制御され、ある種の状態になること、そして、これによってある感情に対応する思考が生じることと考えます。

人間は感情を持ち、これが認識や思考のプロセス、判断などに大きな影響をもたらしますが、その源泉は脳幹にあると考えてよいでしょう。大脳に入ってくる情報が脳幹を刺激し、ある種の化学物質を分泌させて、大脳における思考を制御することで感情が生起すると考えてはどうでしょう。これがまたフィードバック的に脳幹を刺激し、感情を高まらせる場合があります。

他人の感情を理解するとは、対話や相手の態度を観察することを通じて自分の脳内に相手と同様の感情状態を再現することに対応すると考えられます。こういったメカニズムがどのようなものであり、脳の各部にどのように作用するかを明らかにすることが大切です。

ロボットがこのような感情に相当する機能を持てるか、また対話相手の人間の感情をどの程度、どのような形で理解できるかが問題です。非常に簡単な感情の区別くらいのことはできるでしょう。

人間の「精神作用」とはこれまで述べてきた機能(**問い2**から**問い12**)全体が整合的に働くことを指していると考えてよいのではないでしょうか。

問い13　意識とは?

答え13　複数のレベルがあるでしょうが、最も興味のあるのは自己意識であり、自分

の大脳が働いているということを自分の大脳が認識しているリカーシブな状態です。

意識には二、三のレベルがあると考えられます。人が大きな事故にあって倒れているとき、意識はあると言われるのは、感覚入力があり、大脳がそれを受けて働き、何らかの行動（特に言葉による反応）が行われる場合です。美意識という言葉があります。美という価値観を持ち、美しいと判断する能力、そのメカニズムが何かを考えることも必要です。膨大な量の絵画を見せ、音楽を聞かせ、教師付き学習をさせれば、ロボットも美についての感覚を持つことができるかもしれません。

我々に興味があるのは自己意識と呼ばれているもので、自分の大脳が働いているということを認識する部分が脳内にあって、それが自分の大脳の働きを知っている（自覚している）という状態（いわば、リカーシブな状態）と考えてよいでしょう。これを明確に自覚し、また他との区別を自覚することを「自我」と言ってもよいでしょう。自我や意識・無意識の世界などは脳幹によって制御されていると思われます。

コンピュータではプログラムの実行、ロボットの行動など、行動のすべてはＯＳ的なところで観測可能です。その観測をしているプログラム自身の動きも記録することはできるでしょうが、それが自意識と言えるかどうかです。また、そこから何か意味のあることが自発的に導き出せるかどうかですが、超高級なハッカープログラムはこのような機能を追究しているのかもしれません。

意識が集中するということは、大脳の働きがある特別な事柄についての大脳の部分に集中して働いている状態と考えてよいでしょう。その部分にはある種の物質が分泌していて、その部分の活動が活発になっているから、意識的にほかのことを考えることにしてもすぐに元の部分に意識が戻ってくると考えられます。意識が途切れるというのは自分の脳の働きを自覚する脳の部分の働きが一時的に休止することでしょう。

意識をつかさどる部分が脳内のどこにあるかはわかりません。モデル的には、大脳辺縁系に直結した大脳の部分にあると考えるのがよいでしょう。それが海馬の超短期記憶と関係しているのではないかということが［#ノロ13］に書かれています。

意識は直前のことを思い出すことと密接な関係があります。思い出すというのは脳（大脳？ 海馬？）における思考の経路の跡が化学的に残っており、これをたどり直すことに相当すると考えられます。老年になると直前のことも思い出さないというのは、直前の思考の跡に残る化学物質が少なくてすぐに拡散消滅してしまうからと考えられます。脳の一つの機能として、記憶したり考えたりしたことによるネットワーク上の化学変化の跡を時系列的にたどることができるわけで、これは意識の一つの機能とみてよいでしょう。

思い出すところから人間には反省ということが生じます。行ったことが正しかったのか、良かったのか、今度やるときにはもっとうまくやるようにしようといった思考です。これと同じことをコンピュータができるでしょうか。私はずいぶん以前に、人の顔の認識、特に顔の各部の認識をするプログラムを作り、八〇〇人ほどの顔を解析したことがあります（一九七〇年）。その解析で、例えば鼻や口の検出がうまくいかなかったときに、プログラムはそれを自動検出し、自動的にあるところまで戻り、パラメータなどを変えてやり直すことのできるフィードバックプロセスを持った顔認識プログラムを作り、認識率を格段に向上させました。これなどはコンピュータの反省と言えるかもしれません。

少し脱線しますが、臨死体験というのが話題になっています。これは死ぬ瞬間に自分の過去がすべて思い起こされる、それを眺めている別の自分がいるという意識を持つという現象ですが、これはたまたま死ぬ瞬間から幸運にも生きて返ってきた人が言うことだそうです。これは次のように考えられるのではないかと思っています。つまり生きているときは脳が脳幹の働きによって強く制御されているので意識は頭の中をめぐるにしても一筋の道をたどっているわけですが、死ぬ瞬間にはその制御がなくなるので意識が脳の中を全体に拡散してあらゆる記憶を同時的に刺激する、それを生きて帰ってきた人が上記のような印象で語るのではないかということです。いかがでしょうか。

問い14　コンピュータソフトウェアになく生体に特有のものは？

答え14　曖昧さ、揺らぎ、意志などはコンピュータには難しいのではないでしょうか。

これまでに述べてきた脳活動のすべての場面において、フロイトなどの言う潜在意識に当たる脳幹の制御機能の働きのほかに、生体に特有の揺らぎと曖昧さという因子があらゆるところで働きます。これはコンピュータソフトウェアにはないものであり、人間の思考がゲーデルやチューリングが明らかにした論理の限界を突破してゆく可能性を人間に持たせるものではないでしょうか。人間がバイプロダクトや思わぬ結論や発見（セレンディピティ）を得ることの一つの原因がこういうところにあると考えられないでしょうか。

そういったことから、明確に限定された環境、あるいは条件の下での確定的な仕事はすべてロボットに任せるようになってゆくでしょうが、それが明確でなく曖昧さが存在する仕事は人間がせざるを得ないでしょう。ただし、ソフトウェアのプロセスのいろいろなところに確率的、ランダム的な機能を持ち込み、これをうまく調整させながらソフトウエアの目的を達成するとともに、それ以外の新しい発見ができるようになれば話は別ですが。

人間は自律的に目的を持ち、意志の力でそれを遂行します。意志はある目的を達成しようとする大脳における判断であり、脳全体をある意味で制御すると考えられます。つまり、意志をつかさどる大脳の部分が大脳を中心として脳全体を目的とする方向に向かわせる働きを持つと言ってよいでしょう。人間は自由意志を持つと言われますが、ロボットはそのような意志を自発的に持てるのかどうかです。ロボットは言われたことはしますが、自分に生存のための意欲がないし、自分として何をしたいという意志はないでしょう。掃除ロボットは電源が切れればおしまいのため、自ら電源を探して充電しますが、これは意志を持っているとみなせるのでしょうか。

問い15　心とは?

答え15　**大脳の活動の時間的経過を総括的に認識している脳の状態を指す文学的表現であるとでも言っておきましょうか。**

脳幹によって制御された大脳の活動の結果は行動に表れますが、その時間的経過を自分あるいは他人が包括的に眺めたときの状況を一言で指す言葉が心であると考えてはどうでしょうか。「心の温かい(冷たい)人」、「心に悩みを持っている」、といった場合は外界に表れる行動が他人に協調的かどうか、感情的表現を含めてどんな発話をしているかといったことに関わります。だからロボットも人に対して常にそのような感情のこもった応答を出せればロボットの心は温かい(冷たい)ということになるでしょう。

「自分の心」と言うときは、自分が外部の他人になって自分を眺めているときに言う言葉でしょう。自分の心は自分にしかわからないと言いますが、それは脳内の思考過程で外部に出ない部分が非常に多いからであって、その部分は他人にわからないのはもちろんですが、他人の心がわかるというのと本質的な差はないのではないでしょうか。

人間は遊び心を持ち、またシェイクスピアの詩などの翻訳も人によって時によってさまざまですが、ロボットもこういった場合に遊び心でいろいろな行動ができるのでしょうか。これを外部から見ていて、デタラメな行動と見るか、迷っていると見るか、あるいはその都度の遊び心でやっていると見るかは見る人によるわけです。ただ、人間は勉強が楽しいから一層勉強に励むということがありますが、ロボットにはそれはないでしょう。このような人間の持つ「意志」、「意欲」をロボットに持たせられるか、また自律的に目的を持ち、それを実現するようなロボットが作れるかが問題です。

心とは文学的レベルの表現であって、本質的には**問い13**に述べた意識の問題であると思います。

問い16　ロボットは人を理解できる?

答え16　**人とのインタラクションにおいて、人が満足する状態を作り出すことができ**

れば、人はロボットが理解してくれていると思うでしょう。

人がロボットに働きかけたときに、ロボットは応答を返します。それがその人にとって満足できるものであれば、その人はロボットがその働きかけを理解してくれたと思うでしょう。それが気に入らなければ人はまた働きかけ、満足のゆくまで繰り返すとしましょう。そのような人とのやり取りはすべてロボットの中に記憶されるでしょう。そのようなやり取りの事例の集積が大きくなってゆけば、その人が過去に行ったのと類似の働きかけに対しては同じような応答をしてその人を満足させることができます。しかし、ロボットはそのような事例全体を自発的に抽象化して、その人の性格はこうだと言う能力は多分持てないし、そのような抽象化をする必要はありません。なぜなら、その人のさまざまな働きかけに満足のゆく応答をしておれば、ロボットはその人を理解しているということになるのですから。

人に満足感を与えるためには論理的な理屈に合った対応をしているだけではダメであって、対話相手の人間の持っている感情をどこまで把握できるかが問題となります。人の感情の把握の仕方によってその人への対応が変わるべきですし、同情してくれていると感じなければ人は満足できないわけです。感情の把握は表情、声、文体などから総合的に行われる必要があり、この領域の研究はこれから積極的にしなければなりません。

人間より賢いロボットは実現できるかという問いに対しては、たとえそれができたとしても、そのようなロボットを作ったのは人間であるという答えを返すのがよいのではないでしょうか。

問い17　コンピュータにとってなぜ自然言語は難しい?

答え17　自然言語にはさまざまな曖昧さが含まれていてコンピュータが適切な判断をすることが難しいのです。

図形や画像の場合には、それらの各部分（部分の形や色、画質など）の特徴は複雑微妙ではありますが、詳しく分析することによって一意的に認識できます。これに対して自然言語を構成する基本単位である単語はいくつもの異なった意味を持ち、単語の組合せで句を作ると個々の単語の意味の違いの掛算的な場合の数が生じます。これが長い文になると場合の数は極端に増えることになって、文全体として意味的に整合する解釈を決めることが非常に難しいというのが現状です。

人間は単語相互間の意味的整合性をチェックする能力を持っているので、たとえ単語にいくつかの意味があっても句や文として、またその直前に来るいくつかの文が述べていることなどとの整合性をチェックして文脈的に唯一の解釈を選択することができます。これは人間頭脳の神経回路網の短期記憶の能力の高さ、つまりネットワークのかなり広範囲でのパルス流通経路が訓練によって確保されていることを暗示しています。また、この経路選択に脳内の知識が関わっているため非常に多数の複雑な可能性の中から一つ、二つの意味的に妥当な選択ができますが、コンピュータではこれが非常に難しいのです。

このような脳活動をコンピュータにさせることは現時点では困難ですので、せめて単語の持つ多義性を句における意味の整合性によって解消しようと考えて、私は例文翻訳という方式を一九八〇年代の前半に提唱しました。簡単に言いますと、従来文の解析は単語辞書と文法とを用いて行っていたのに対し、句の辞書と文法を用いるという方式です。単語辞書での多義性が句の辞書にすると解消し一意になるので、解析がほとんど一意的にできることになるのです。また例文、例句の翻訳を頼りに句単位に翻訳（例文翻訳）するので、単語単位の翻訳に比べて質の高い翻訳が期待できます。この方式は世界的に注目され、あちこちで使われています。

今後膨大な句の辞書と百科事典的な知識を整備し、対話などにおける場面知識やホットな話題の情報などを利用して、可能なあらゆる場合の意味的整合性のチェックをスーパーコンピュータで行えば、良い質の言語解析、機械翻訳ができるようになるでしょう。

問い18　コンピュータは言語の文法や意味を学習できる？

答え18　その目的のプログラムを作り、膨大な言語データを与えれば不可能ではないでしょう。

人間は生まれてから大人になるまでに膨大な言語表現を浴び、言語脳を発達させ、知識を増強しています。チョムスキー[1]は人間の脳構造は言語を生成できる基本的構造、あるいは能力を生まれながらに持っていると仮定しました。その仮定が妥当かどうかはわかりませんが、人間の脳のネットワークの働きは非常に強力であることは間違いありません。チンパンジーなどでは短文に相当する情報入力の理解と応答においては人間並みですが、埋め込み文を含んだような複雑な文には対処できないようです。これは人間の脳は埋め込み文を一つの操作単位として把握して短文の一要素に持ってくる能力を持っているからでしょう。チンパンジーの脳ではこれができないのだと思われます。

最近はコンピュータも数十億という文を記憶し処理することができるようになってきています。その膨大な文の中から同一の表現を集めたり、一単語だけが異なっている以外は同じである句を集めるといったことをすることによって、同義語、類義語などの体系を作ることができる時代になってきました。これを拡張してゆけば文法規則もほぼ自動的に抽出できるようになるのではないでしょうか。

言葉の意味には二つの場合があります。一つは辞書に書いてあるような意味です。もう一つは単語が指し示す外界の対象です。言葉の意味を突き詰めてゆくと後者に行き着かざるを得ませんが、ここでは前者の意味について考えます。辞書に書かれている意味は単語や句をより基本的な単語を用いて説明しているわけで、これは一種の言い換えです。したがって、膨大な言語データから同じ文脈の中で一つの単語がより基本的な単語を用いた句で表現されているものを探すことによって、意味の説明ができたことになるわけです。例えば、「赤ちゃんが誕生した」と「赤ちゃんが生まれた」とから「誕生」の意味は「生まれる」であるとすることができます。

このように文脈を考えながら言い換えを何度かやり、一意的な単語による説明にまで至ると、そこから他言語に翻訳する場合も曖昧性なくできるようになるでしょう。言葉の意味もよく考えるとコンピュータ処理の対象になりうるものと考えられます。以上のようなことは、スーパーコンピュータを何日も動かして数十億文の解析をしなければならないでしょうが、やればかなりのことができると思っています。

1 — N. Chomsky

このほかに、例えば「この絵の意味するところは何か」、「彼がここに顔を出さなかった意味は何か」といった場合の意味もありますが、これは**問い5**の知識を用いた推論の問題となります。

おわりに

以上に述べたことは私が頭で考えたことであって、現代の脳科学（脳生理学、神経科学、心理学、認知科学、…）から見たとき、読者はここに書いたすべての部分について、科学的でない、間違っているといった感想を持たれるかもしれません。著者はそれを予期し、これに対して「自分はこのように考える」といった反論を出していただいて、人工知能に関する議論が活発になることを期待して、あえて乱暴なことを書いたわけで、お許しをお願いいたします。

近年、脳活動についての生理学、心理学レベルの研究が目覚ましく進展してきており、我々はこれに注意を払う必要があります。ただ人工知能はあくまでも工学的に脳の働きをシミュレートするのですから、脳の生理学的な働きのどの部分をどのようなモデルによって近似し、目的とする人工知能の実現につないでゆくかという観点が必要でしょう。応用分野によっては環境や目的を明確に限定できるでしょうから、その場合には脳のモデルを持ち出す必要はなく、むしろ非常に単純で機能的な機械的モデルでよいわけです（例：コンピュータ将棋）。意識とか心といったことが関係しない人工知能研究の場合には、それを取り上げて論じる意味はありません。

しかし、人と介護ロボットとの対話といった人間的な要素（人の表情、感情や心を読むといったこと）を無視できないところでは、どうしても脳の働きを何らかの形でモデルの中に取り入れることが必要となります。できるだけ人間的なものにしようとすれば、そのモデルは複雑なものにならざるを得ません。そのときに参考になるのは人間の脳の機能であります。ということで、いろいろな脳のモデルについて脳研究者を入れて大いに議論をしながら人工知能研究を進めてゆくことが期待されます。

今日、「人工知能とは」ということを哲学的、抽象的、観念的レベルでいくら議論していても進歩はありません。できるだけ具体的なモデルを設定して、それが工学につながってゆくレベルで議論することが大切です。そうすることによって人工知能研究が進歩するのです。ただ、具体的な応用システムにだけ目が向いていると、人工知能研究の根源である人間を人間たらしめているところのものを忘れてしまう危険性があります。したがって、「人間とは」という哲学的あるいは心理学的議論や、脳に関する最先端の学術研究の成果などに注目することが大切です。そういった意味で本書は大変有益です。

本章を読み有益なコメントをいただいた東京大学工学系研究科　松尾豊先生、京都大学こころの未来研究センター長　吉川左紀子先生に深謝します。

参考文献

ここに書いたことはずっと自分で考えてきたことの一端で、参考文献はありません。本章の基になった論文は雑誌『人工知能』二〇一三年七月号に掲載されましたが、同じ頃、欧米で同様な研究が開始されたことが、雑誌『情報処理』二〇一五年一月号の松田卓也氏の論文に書かれているので、ご参考に。

わかりやすい入門図書としては、例えば以下のものが挙げられます。

[池谷 09]　池谷裕二,『単純な脳，複雑な私』, 朝日出版社 (2009)
[井ノ口 13]　井ノ口馨,『記憶をコントロールする』, 岩波科学ライブラリー 208(2013)
[長尾 13]　長尾真, 人工知能とは (4),『人工知能学会誌』, Vol.28, No.4, pp.660-666 (2013)
[山鳥 02]　山鳥重,『「わかる」とはどういうことか』, ちくま新書 (2002)
[山鳥 08]　山鳥重,『知・情・意の神経心理学』, 青灯社 (2008)

東京大学大学院工学系研究科の堀浩一先生の研究テーマの一つは「創造活動支援システム」。人間と機械の組合せで、新しい知的活動のプロセスが生まれます。

第4章までの議論を受けて、堀先生は人工知能を「人工的に作る新しい知能の世界」と定義します［**問い1**］。知能という「もの」が存在しているのではなく、いろいろな要素の相互関係の総体として「知能の世界」がある。だから、統計学や経済学の専門家が続々と人工知能研究に参入してきているというわけです［**問い2**］。

人工知能の将来像については、あまり知性を感じさせないただのグーグル検索でさえ、すでにある種のオラクル（神託）の役割を果たしている現状を踏まえ、人間を超えるスーパーインテリジェンスの出現に対する人々の不安に研究者としてどう応えていくべきか、堀先生の考えが述べられています［**問い6**］。

多くの要素の相互作用の総体（知能の世界の実現）としてスーパーインテリジェンスが「心」らしきものを持つのはむしろ自然だとすると［**問い5**］、予期せぬ問題が起こる可能性はあっても、できるだけ対処しやすいように作っておく。「スーパーインテリジェンスの構造と機能を可能な限り透明にし、可能な限りブラックボックスの部分を減らす」ことが研究者の責任であるということです。

人間や環境を含んだ新しい知能の世界としての人工知能

堀　浩一

まえがき

「人工知能とは何か」という人工知能研究者にとっては答えるのが容易でない質問に対して、この章までに四人の先生方が回答を試みられてきました。著者がつけ加えるべきことはもうあまり残っていません。しかし、四人の先生方のおっしゃるとおりと言って済ませてしまったのでは面白くありません。人工知能とは何かという問いに対する答えが一つに決まっていないからこそ、人工知能研究は面白いと言えます。その面白さを伝えるためにも、無理にでも、これまでの四人の先生方との違いを強調して回答を作ってみることにしましょう。

問い1　人工知能とは？

中島の答え1　人工的に作られた、知能を持つ実体です。

西田の答え1　「知能を持つメカ」ないしは「心を持つメカ」です。

溝口の答え1.2　人工的に作った知的な振舞いをするもの（システム）です。

長尾の答え1　人間の頭脳活動を極限までシミュレートするシステムです。

堀の答え1　人工的に作る新しい知能の世界です。

「人工知能とは何か」という問いに対して、「人工の知能である」と答えたのでは、何も答えたことにはならないでしょうが、五人の回答を見ると、中島、西田、堀の三名の回答の中に「知能」という語がそのまま残っています。知能とは何かについて一言では言えないので、そのまま残して、後で議論するという回答の構造になっています。著者もその構造を採用させていただき、少しずつ順番に論じていくことにしたいと思います。

堀の回答では、「新しい」および「世界」の二語を加えていることに注意してください。

自然界にすでにあるもの（例えばダイヤモンド）と同じ構造と性質を持った人工物（例えば人工ダイヤモンド）を作るのではない、ということを強調するために「新しい」という語を入れました。また、作るのは「知能」ではなく、あえて「知能の世界」であるとしました。知能そのものだけでなく、知能が関係するいろいろな領域を包含するという意味で、世界という言葉を用いることにします。

「人工衛星」を作るときに、地球の衛星であるところの月の構造と性質を隅から隅まで調べる必要はないし、そもそも月のまねをしようとして人工衛星を作るわけではありません。それと同様に、「人工知能」を作るときに、知能の構造と性質を隅から隅まで知っている必要はありません。我々は、人間の知能や動物の知能を参考にしつつも、それらと同じ知能を作ろうとしているのではなく、「新しい知能の世界」を構成的に作ろうとしているのです。人工衛星の設計者は、宇宙空間に存在する衛星に関する質問の全部に答えることはできませんが、自分の作る人工衛星の構造と機能について答えることはできます。同様に、我々人工知能研究者は、知能に関するすべての問いに答えることはできませんが、自分たちが作る新しい知能の世界について答えることはできます。

何を作るかについて、中島の答えは「実体」、西田の答えは「メカ」、溝口の答えは「もの（システム）」、長尾の答えは「システム」となっています。これに対して、堀の答えは、あえて、「世界」にしました。「システム」という用語でもかまわないのですが、「システム」と聞くとコンピュータシステムのことと狭くとらえる人も多いでしょうから、あえて「世界」と大きく言うことにしました。

「人工衛星」の研究者が作るのは、「衛星そのもの」だけではなく、衛星を所望の目的に沿って機能させるための地上局を含めたシステムの全体です。同様に、人工知能研究者が作ったり調べたりするのは、「知能そのもの」だけでなく、知能が機能するための環境を含めた「知能の世界」です。人間の知能そのものはそのまま残して、知能が機能するための環境だけを新しく作ることもあります。

例えば、堀が行ってきた創造活動支援システムの研究［Candy 03］［堀 07］が目指してきたのは、支援システムそのものの製作ではなく、新しい知能の世界を構成することです。その新しい世界は人間と機械の両者が組み合わさって構成されており、そこでは、人間だけあるいは機械だけの世界では存在しなかった新しい知的活動のプロセスが創発的に生まれます。

仕掛けそのものは知的でなくとも、仕掛けがあることによって人間の知的活動が変化することに着目した松村の仕掛学［松村 11］においても、仕掛けを上手に作り込んだ新しい世界を構成しようとしている、と言うことができます。集合知の研究も、同様に、社会全体の知能が今までとは違う知能に変わった新しい世界を目指している、と言えます。

「知能そのもの」については、本書の前章までの四人の著者による解説でさまざまな観点から十分に議論されています。著者が特につけ加えるべきことはないように思われます。したがって、「知能そのもの」に関する議論については、前章までを参照していただければと思います。

次の問答で、「知能の世界」について、さらに議論します。

問い2　「知能の世界」とは何ですか?

答え2　いきなり一言で答えたくないので、本項（次の問答までの内容）を読んでください。項の最後に答えをまとめました。

知能の世界を論じる前に、もう少しなじみのある世界を思い起こしてみましょう。例えば、「文学の世界」あるいは「ビジネスの世界」とは何でしょうか。文学の世界を構成する要素としては、作家、作品、出版物、出版社、編集者、読者、評論家などが考えられます。それらの要素間の相互関係の総体として文学が成立しています。同様に、ビジネスの世界は、取引を行う人間、商品、お金、取引の場、取引の規則や慣習などの要素から構成され、それらの相互関係の総体としてビジネスが成立しています。文学もビジネスも、「もの」ではありません。いろいろな要素間の相互関係の総体です。

それらと同様に、「知能の世界」を構成する要素としては、人間の頭脳、人間の身体、道具、問題、答え、データ、情報、知識、知恵、価値、感情、言語、機械のプログラム、機械の身体、機械のネットワーク、人間のネットワーク、などを挙げることができます。「知能」はそれらの要素間の相互関係の総体です。知能という「もの」が存在しているのではありません。人工知能研究者が作る「新しい知能の世界」は、新しい要素を投入したり、要素間の関係のあり方を変更したりすることによって、要素間の相互関係の新しい総体を作り出した世界です。

これでは、定義があまりに大きくなりすぎている、と不満を抱く読者もいることでしょう。確かに、これでは人工知能研究の守備範囲が広がりすぎるようにも思われます。経済学も文学も芸術も法学も人工知能研究の一部になってしまいそうです。

しかし、最近の人工知能学会全国大会を覗《のぞ》いてみればわかるのですが、実際に、経済学も文学も芸術も法学も、すでに人工知能研究の一部になっています。既存の領域内で成立していた相互関係の総体では扱えない現象や問題を扱いたい人々が人工的に新しい世界を作りたいと考え、人工知能学会に集まってきているのです。なぜ人工知能学会なのかと言えば、人工知能研究以外では扱っていない要素間の関係を人工知能研究では扱っているからです。例えば、データと情報の関係しか扱ってこなかった統計学の人々が知識や価値を扱いたいと考え、人工知能研究に参入しています。金融バブルがなぜ発生し今後それをどうすれば防止できるかを考えたいけれども従来の経済学だけでは無理と考える人々が、人間の頭脳や情報や知識や価値も扱うことのできる人工知能研究に参入しています。

今や、学問の王様であるところの哲学と並べて、人工知能研究を論じるべき時がやって来たのかもしれません。人間を取り巻く世界を思弁的に解明する役割を哲学が担っているとしたら、人工知能研究は、それと相補的に、人間を取り巻く世界を構成的に作り替えていく役割を担っている、と言えそうです。

とりあえず、ここまでの議論をまとめてみると、次のようになります（ここまでの議論で用いた日本語に対応する英語が何なのか気になる読者も多いと思うので、英語でまとめておくことにします）。

- ◉ artificial intelligence = new worlds of intelligence, which are synthesized artificially.
- ◉ a world of intelligence = the whole of the elements and the whole of the mutual relationships among the elements.
- ◉ the elements = human brains, human bodies, tools, problems, solutions, data, information, knowledge, wisdom, values, emotions, languages, machine programs, machine bodies, machine networks, human networks.

問い3　では、人間の頭脳、人間の身体、道具、問題、答え、データ、情報、知識、知恵、価値、感情、言語、機械のプログラム、機械の身体、機械のネットワーク、人間のネットワーク、などの間の新しい関係を扱えば、何でも人工知能研究なのですか?

答え3　はい、そうです。

何が人工知能の研究で何が人工知能の研究でないのかの境界は、閉じられておらず、常に開かれています。人工知能研究者は、いわば、来るもの拒まず去るもの追わず、の精神で人工知能の研究を行ってきました。人工知能とは何かとか人工知能研究とは何かとかの問いに対する答えも固定していません。そのために、人工知能研究の全体像がわかりにくくなっていることは確かかもしれません。

本書は、それらの問いに少しでも答えようと、松尾編集委員長（当時）が企画したのですが、実は、著者が人工知能学会編集委員長に就任した二〇〇四年にも似たようなことを企画しました。人工知能研究の全体像のマップを作り、マップ中の位置に対応づけて一年間の学会誌の解説特集を構成し、学会誌でそのマップと特集の位置づけを提示してみたいと考えました。編集委員会で議論を重ねましたが、結局はマップを作ることはできませんでした。人工知能の研究の世界は、静的なマップに写像できない動的な世界であるようです。マップづくりは諦め、各編集委員が夢見ている人工知能の姿を列挙する特集を組むことになりました。それが、『人工知能学会誌』二〇〇五年五月号（Vol.20, No.3）の特集「ようこそ人工知能の世界へ」でした。その特集記事のタイトルを並べてみましょう。

- ◉社会知デザインと会話情報学
- ◉インタラクションによる価値創成
- ◉ＡＩイルカは工業製品の夢を見るか
- ◉人工知能研究からネットビジネスの世界へ
- ◉チャンスマネジメントと気分のマネジメント
- ◉誰のためのＡＩ？
- ◉何のためのセマンティックＷｅｂ？
- ◉メディアとしての知識
- ◉三次元仮想空間上でのＷｅｂ情報統合に向けて
- ◉研究者ネットワークと私
- ◉社会シミュレーションを人工知能の試験台に
- ◉ネットワークが創発する知能
- ◉モデル－実験－支援の相互作用としての「知」の研究
- ◉学び方の発見・再発見
- ◉人間と人工知能の得手不得手
- ◉意見と経験の言語処理
- ◉語が使われる環境と意味の獲得
- ◉機械は何語を話すのか
- ◉データマイニング雑感
- ◉データマイニングの二〇〇五年

◉ 偏りのある情報に基づく対話的学習
◉ 機械学習の適用範囲の拡張
◉ セグメンテーションと認識ではどちらが先に処理される？

ちなみに、二〇〇四年当時の人工知能学会誌のキーワード表は以下のとおりでした。

1. **Fundamentals, theory, and inference**
探索、プランニング、推論、論理、アルゴリズム、計算量など、超並列人工知能、ＡＩアーキテクチャ
2. **Cognitive science**
認知モデル、認知アーキテクチャ
3. **Knowledge representation**
知識表現、ＡＩ言語、AI Programming
4. **Knowledge modeling**
事例ベース推論、知識共有、知識ベース管理、知識データベース、オントロジー、エキスパートシステム
5. **Knowledge acquisition and creation support**
知識獲得・知識創出の理論、方法、実践、支援
6. **Machine learning**
帰納学習、演繹学習、戦略学習、類推、概念学習、強化学習、適応学習システム
7. **Evolution and emergence**
人工生命、進化的計算、遺伝的アルゴリズム、免疫システム、強化学習、適応学習システム、人工市場
8. **Natural language**

自然言語理解、自然言語処理、対話処理、対話モデル、意図・談話理解、コーパス、機械翻訳、情報検索・抽出

9. **Image and speech media**

音声認識・理解、音声対話処理、対話モデル、音声言語処理など、画像認識・理解、シーン理解、動画像処理、視聴覚心理モデル、パターン組織化・検索など

10. **Human/computer interaction**

仮想・拡張現実感、マルチモーダルインタフェース、メディア統合、共有作業空間、知的プレゼンテーション、マルチメディアデータベース、ユビキタスコンピューティングなど

11. **Agent**

エージェント間通信、エージェントネット、学習エージェント、エージェント社会、人工社会と経済、エージェントプログラミングなど協調問題解決、エージェントの構造と機能

12. **Web intelligence**

Ｗｅｂ検索、Ｗｅｂマイニング、Ｗｅｂコミュニティ、コミュニティ支援、推薦システム、セマンティックＷｅｂ、Ｗｅｂサービス、デジタルライブラリ、ＸＭＬとメタデータ、インターネット標準化

13. **Robotics**

知能ロボット、移動体知能、認知アーキテクチャ、シンボル・グラウンディング

14. **Knowledge discovery and data mining**

データマイニング、テキストマイニング、Ｗｅｂマイニング、知識発見、発見科学

15. **Soft computing**

ファジィ理論、不確実性推論、コネクショニズム、ベイジアンネットワーク

16. **Knowledge management**
暗黙知と形式知、モデリング、組織記憶 Corporate memory、ＫＭツール

17. **Bioinformatics**
ゲノムデータベース、遺伝子解析、遺伝子制御ネットワーク、高次構造予測、分子進化、分子設計、分子計算、代謝経路解析、細胞シミュレーション、知識発見など

18. **Education and learning support**
対話モデル、知的インタフェース、学習者モデル、教育戦略、知的ＣＡＩ、対話的学習支援環境、Web-based 協調学習支援、エデュテイメント、e-learning、ＬＯＭなど

19. **Intelligent support**
コミュニケーション支援、会議支援、知識共有支援、協調活動支援、グループウェア

20. **Game**
ゲームとＡＩ、ゲームと探索、碁、将棋、チェス

21. **Industrial applications**
設計システム、診断システム、計画システム、知的制御システム、解釈・分析システム、コンサルテーションシステム、質問応答システム、社会・交通システム、医療支援システム、ｅコマースなど

22. **Others**
芸術、感性情報処理、脳科学、認知科学、言語学、社会科学、システム科学などの分野で広い意味で人工知能に関連するテーマ

このキーワード表を見ると、今も生き残っているキーワードもあるし、もうあまり見かけなくなったキーワードもあることがわかります。また、全体的にこの二〇〇四年のキーワード表は古く、二〇〇五

年の特集号のタイトルには、現在の人工知能研究につながる新しいテーマが現れています。

このように、人工知能研究は、研究領域を動的に変化させ続けてきました。したがって、「人間の頭脳、人間の身体、道具、問題、答え、データ、情報、知識、知恵、価値、感情、言語、機械のプログラム、機械の身体、機械のネットワーク、人間のネットワーク、などの間の新しい関係を扱えば、何でも人工知能研究なのですか？」という問いに対する答えには、単純に「はい、そうです」と答えたいと考えます。

今後、どのような方向で研究を行うべきかは、各自で考えなければならないことです。各研究者が最も大事で最も面白そうだと考える問題に取り組んでいけばよいということになります。

問い４　ここまでの回答は前章までの回答と矛盾していませんか？

答え４　大きなところでは矛盾していませんが、いろいろと違いはありますね。

ここで、前章までとの関連を示しておきましょう。

ごく乱暴に分類すると、中島、溝口、長尾の三名は「知能」を論じており、西田と堀は「知能の世界」を論じています。そういうグループ分けになることはやや意外でもありますが、それぞれの研究者が作りたいもの（あるいは作りたいこと）の差が、そこはかとなく現れているようにも見えます。

問い4.1　脳科学と人工知能研究の関係は？

答え4.1　サイエンスとしての知能の研究と脳科学は大いに関係がありますが、エンジニアリングとしての人工知能の研究にとって脳科学は必ずしも必要ではありませんし十分でもありません。

この答えは「人工知能とは人間の頭脳活動を極限までシミュレートするシステムである」とした長尾の章と矛盾していると思われるかもしれませんが、著者は、矛盾しないと考えます。長尾の章は、脳科学の延長上に人工知能を位置づけようとしているのではなく、人工知能ですでに実現されている機能とまだ実現されていない機能を列挙して議論し直すために、人間の頭脳の機能を持ち出している、と著者は受け止めました。その議論は大いに興味深く、勉強になります。

量子科学がいくら進歩しても天気予報の精度が高くなることはないというのと同様の関係が、現在の脳科学と人工知能研究の間には存在しています。前項（**問答2**）でも述べたように、現在の人工知能研究は、認知科学や言語学は当然として、統計科学、経済学、法学、等々さまざまな分野の研究と深い関係を有しています。その中で脳科学だけが特別の位置を持つということはもはや考えられない状況になっているといってよいでしょう。

問い4.2　ＩＡの研究は人工知能の研究ですか？

答え4.2　はい、そうです。

中島は、ＩＡ（intelligence amplifier）は人工知能ではないと論じています。道具としてのＩＡ自体が知能を持っているのでなければ、字義から言って、中島の言うとおり、ＩＡそのものは、人工知能ではありません。

しかし、道具としてのＩＡと人間のインテリジェンスを組み合わせた世界は、もはや、元の世界と同じではありません。解けなかった問題が解けるようになることもあります。人工知能研究により実現したいことの一つが、これまで解けなかった問題が解けるような知能を作ることであるとするならば、ＩＡの研究は、間違いなく人工知能の研究です。

道具を使うことにより、道具を使わないときには解けなかった問題が解けるようになったことを、新しい知能の出現と呼んでいいのかどうかということは、議論してもよいが議論しなくてもよいことです。中島の議論でも、ＩＡは「知能」の研究としての人工知能研究ではない、とされています。しかし、「新しい知能」は出現していないにしても、「新しい知能の世界」は出現していると言ってよいでしょう。この議論は、「人工知能の将来像は？」という質問に対する回答とも関係してくるので、それもご覧いただきたいと思います。

問い4.3　溝口先生の回答では知能の本質ではないとされていた、「分散認知」、「環境とのインタラクション」、「シンボルグラウンディング」、「身体性やインタラクション」について、どう考えますか？

答え4.3　私が作りたい新しい知能の世界にとりましては、それらは重要な要素です。

溝口は、知能の本質とは何かという議論の文脈において、それらが本質的な要素ではないと論じています。「知能」だけを取り出したときに、それらがその本質的な要素か、と問われるならば、そのとおりでしょう。

しかし、創造活動支援システムの研究などにおいては、それらは、間違いなく重要な要素です。例えば、人が創造的に新しい人工物を設計しているという場面を想像してみましょう。そこでは、「分散認知」、「環境とのインタラクション」、「シンボルグラウンディング（symbol grounding）」、「身体性やインタラクション」などがなければ、知能は機能しません。それらの要素の新しいあり方を作ってみせることは、人工知能研究の重要なテーマです。

これについては、次の「創造性」に関する問答もご覧ください。

問い4.4　創造性とは何ですか？

答え4.4　創造性という単独の特別な能力あるいは性質があるわけではありません。知能の全体的な働きの総体に対する一つの名づけです。

「創造性を育む教育のあり方」などというような字面を見ると、「創造性」という何か特別なものがあって、それを増強できると考えている人たちがいるらしいことがわかります。しかし、多くの認知科学研究者や人工知能研究者がこれまでに明らかにしてきたのは、「創造性」に直接対応する特別のものや特別の認知プロセスが存在するわけではないということです。創造性というのは、知能の全体的な働きの一つの現れに対する名づけにすぎません。

5

著者とその仲間たちが研究し、実現してきたのは、「創造性」の支援ではなく、「創造活動」の支援です。[1]例えば、前の問答でも例に出した新しい人工物を設計するという状況を考えてみましょう。人工物を設計するために用いている概念空間が不連続に新しい空間にジャンプし、結果として新規で有用な人工物を設計できたときに、創造的な設計がなされた、と呼ばれます。その状況で働いている認知プロセスは、通常の知的活動を行っているときと異なる特別な認知プロセスではありません。ただ、通常の仕事のやり方では、概念空間が特定の空間に固定されてしまい、新しい空間へのジャンプが起こりにくくなります。創造活動支援システムが行うのは、そのジャンプが起こりやすいように人間の知能のまわりの環境を変更してみせることです。「知能そのもの」の研究ではなく、まさに、「新しい知能の世界」を作るという研究の一例になっています。その詳細については、著者の著書[堀07]などをご参照いただければと思います。

問い4.5　心とは何ですか？　意識とは何ですか？

答え4.5　どちらも、下位要素の相互関係の総体です。

心も意識も「もの」として独立に存在しているのではありません。心や意識という上位の存在は、下位の要素の関係の総体として出現し、かつ下位の要素の間の関係を支配します。

例えば、将棋ソフトを考えてみましょう。すでに、将棋ソフトに心は出現している、とも言えます。将棋ソフトが解空間を探索した結果、卑怯《ひきょう》な手ばかりを打ったとすると、そこに卑怯な心が出現し、結果的に、卑怯な心を持っていると見なされる可能性は大いにあります。将棋ソフトの卑怯な心を、人間は読み取るのです。将棋ソフトの卑怯な心は、解空間の探索と解の選択のための下位の要素の相互関係の総体として上位に出現します。その将棋ソフトの作者は卑怯な心を持った人ではないかもしれませんが、将棋ソフトが卑怯な手を打てば、そこに卑怯な心が見いだされてしまうのです。卑怯だと批判されたら、作者は解探索の評価関数を変更することになるでしょう。卑怯な心を消すためには、下位の要素であるところの解探索の評価関数を変更すればよいということになり

1 — 堀の著書[堀07]にも書きましたが、英語で creativity support と言うときも、それは、creative ability の support ではなく、creative activity の support を意味します。

ます。

将棋ソフトと戦っている棋士や観戦者が、将棋ソフトに卑怯な心を見いだしただけで、将棋ソフトに心があるとは言えないのではないか、という反論もあり得ます。しかし、心というのはもともとそういうものなのだと考えられます。人間は、犬や猫はもちろんのこと、草花や、文脈によっては蒸気機関車にも、その心を読み取ります。

ただし、現在の将棋ソフトは対戦相手の心を読み取ることはしていないし、自分の心や相手の心を解探索に利用することもしていません。そういう意味では、人間の心と将棋ソフトの心（みたいなもの）との関係は現在は非対称です。

心は、下位層の要素間の相互関係から上位層に出現しますが、ただ現象として出現するだけでなく、下位層へ作用を及ぼすという性質を持っています。これについてはどうでしょうか。例えば、将棋ソフトに出現した卑怯な心は、下位層へ影響を与えていないのであれば、心とは言えず、人間が読み取ったいわばまぼろしの心ということになるかもしれません。

これについては、将棋ソフトに仮想的に出現した卑怯な心は、実は、下位の要素の振舞いを支配していると考えることができ、心と同様の性質を持っているのだと考えることができます。下位の要素間の関係から自己組織化系が形成されているというようなモデルを考えることができるでしょう。卑怯状態というアトラクタに系全体が引き込まれるようなモデルです。将棋ソフトの作者がやれることは、要素間の関係を変更して、卑怯状態というアトラクタが出現しないように系を作り替えることです。

将棋ソフトが「無心」に解を探索し、人間の棋士が「無我」の境地で勇猛果敢な心を持って対戦しているという場面を想像してみましょう。無我の境地にあるとき、棋士は自分の心を「意識」していません。ところが、ふっと「我」に返って、「いかんいかん、勇敢すぎた、もっと沈着冷静になろう」と意識し、自分の心を制御するかもしれません。その結果、打たれる手も変わるかもしれません。この場合、将棋の戦い方の構成要素の総体として心が出現していたとしたら、意識は、その心を要素に含んで、さらに上位の存在として出現すると言えそうです。意識は、心を構成する要素および心という要素

5

の間の相互関係の総体であるということになります。

現在の将棋ソフトは、自分が今、卑怯であるか勇猛果敢であるかという心に相当する状態変数のようなものを利用していません。しかし、自分の心と相手の心を利用するようにソフトを作り替えることは可能かもしれません。それは、結果として、将棋ソフトに意識に相当するものを出現させることに相当するでしょう。例えば、将棋ソフトが、自分は今、勇敢であるか、卑怯であるか、相手が卑怯であるか、勇敢であるか、を意識し、それによって、探索手法を変更する、というようにソフトを作ることは可能だと考えられます。

人工知能研究者が議論すべきことは、機械が心を持つかどうかではなく、機械に心を持たせたいか、持たせたいとしたら何のためにどのような心を持たせたいかであると、著者は考えています。基本的には、機械は「無心に」仕事をしてくれたほうが嬉しいように思われます。カーナビの指示に従わない運転者に対して怒りの心を抱くようなカーナビは欲しくないでしょう。あくまでも「無心に」目的地へのルートを探索してほしいと思います。しかし、目的によっては、機械に心に相当する何かを持たせたほうが望ましいという状況もあるかもしれません。例えば、事故を回避すべき状況で、運転支援システムが感情的に金切り声で警告してくれるのが有効というようなことがありうるかもしれません。

次の「人工知能の将来像は？」という問いへの回答の中で議論しますが、西田は積極的に心を持った人工知能を構成すべきであると主張しています。著者は、今のところ、トップダウンに心を作り込むよりは、心の下位に存在する要素とそれらの間の関係を透明に構成することが重要であり、それらを変更することにより、結果として出現するかもしれない心を制御できるようにしておくべきであると考えています。

問い5　人工知能の将来像は？　人工知能の研究が進みすぎることに対する一般の人々の不安に対してどう答えますか？

答え5　人々が安心して使える道具としての人工知能をどうやって実現していくのか

の指針を示すことが、人工知能研究者の責任であると考えます。

今後、人工知能の研究がどんどん進んでいった先の未来の姿について具体的に論じているのは、これまでの章の中では西田だけであるので、ここでは、西田と著者の考えの共通点と相違点を示してみたいと思います。

西田と著者で共通しているのは、いわゆるテクノロジカルシンギュラリティ（技術的特異点：technological singularity）の問題を避けて通ることはできないだろうという認識です。シンギュラリティ（singularity）の問題とは、技術の進歩が指数関数的に進む中で、ある時点で、人間の能力をはるかに超えたスーパーインテリジェンス（superintelligence）が出現するであろうという問題です。人工知能の研究も関係しているし、それよりも恐そうな遺伝子技術に代表される生命技術の研究なども関係しています。

これについては、すでに『人工知能学会誌』でも特集が組まれています[山川 13]。その特集号を読んでみていただければわかるとおり、現在のところは抽象論に終始しており、具体的な設計論などは何も提示されていません。西田の章が興味深いのは、シンギュラリティの問題に対する一つの解決策の案を提示していることです。

今のところまだＳＦみたいなものだと無視する研究者も多いようですが、無視できない問題がすでに発生し始めていると著者は考えています。

例えば、スーパーインテリジェンスにはほど遠いし、あまりインテリジェントではない存在であるにもかかわらず、グーグル検索はすでにある種のオラクル（神託）の役割を果たしていないでしょうか。商品を検索したときに自社の商品が検索結果に出てこないのではその会社は商売にならなくなってしまっていますし、氏名を入れただけで悪意を持った誹謗《ひぼう》中傷のキーワードが検索語予測機能によって示されることによりその人の社会的信用が失われてしまうという事態が発生したりしています。

ウェブ上の情報を検索するシステムだけですでにこうなのですから、シンギュラリティまで到達する以前に、例えば、グーグル検索とワトソン（Watson）とシリ（Siri）あるいは「しゃべってコンシェルジュ」を組み合わせただけでも、相当に怖い世界が出現する可能性はあるでしょう。

西田の章では、スーパーインテリジェンスの出現に伴う問題として、技術の乱用（technology abuse）、責任能力の破綻（responsibility flaw）、モラルの危機（moral in crisis）、人工物への過度の依存（overdependence on artifacts）を挙げています。そして最も重要な問題としてヒューマニティの危機を挙げ、「人は自分の運命を他者に託すのではなく、自分で決めるという自立性を守りたい」と述べ、だから「心を持つメカとしての人工知能が望まれる」と主張しています。

著者がこの西田の記事でよく理解できなかったのは、どうして「だから心を持つメカ」なのかでした。西田は「心を持つメカ」をスーパーインテリジェンスと人間との間に立つ存在として描いており、スーパーインテリジェンスは心を持つメカとは別物として扱っています。西田の記事を極端に解釈するならば、臭いものに蓋をする蓋の役割を心を持つメカが果たし、臭いスーパーインテリジェンスは臭いまま、とも読めなくはないかもしれません。西田の意図するところは、そのような臭い物に蓋をする役割を心を持つメカに担わせることではないと想像しますが、心を持つメカとスーパーインテリジェンスの関係について、今後議論を深めていく必要がありそうです。

著者が考えているのは、西田の描く世界とは少し異なる世界です。一言で言えば、スーパーインテリジェンスと人間との間に心を持つメカを置くのではなく、スーパーインテリジェンスから創発的に生まれるかもしれない心が人間に望ましくないものにならないようにするために、あるいは望ましくない心が出現したときに即座にスーパーインテリジェンスを修正することができるように、今のうちに全世界の人工知能研究者が協力して、スーパーインテリジェンスの作り方の指針を定めておくことです。

人間による制御が不可能になるようなインテリジェンスがスーパーインテリジェンスなのだから、スーパーインテリジェンスの制御を考えるというのは自己矛盾であるという考え方もあるでしょう。それに対して著者が考えるのは、スーパーインテリジェンスも人間が作り出すものである以上、あらかじめ制御可能とするための仕組みをできるだけたくさん作り込んでおくことが研究者の責任であるということです。

どんなに制御可能なように作っておいても、全体が非線形の複雑系なので予期せぬ現象が出現するということはあるでしょう。そうではあっても、問題が起きたときに対処しやすいように作っておくか、対処のしやすさを考えずに作っておくかでは、大きく違うはずです。我々は技術者ですから、そのことをよく知っています。

「清く正しい心」や「思いやりの心」をあらかじめスーパーインテリジェンスに組み込んでおくということは考えられなくはないかもしれません。しかし、「心とは何か」という質問に対して答えたように、多くの要素の間の相互作用の全体的な総体として、「心」に相当すると読み取られる現象が出現すると考えるほうが自然であると、著者は考えています。であるとするならば、我々にできることは、要素間の関係がいつでも見られるようにしておき、要素間の関係をいつでも作り替えられるようにしておくことであると考えられます。別の言葉で言い換えれば、スーパーインテリジェンスの構造と機能を可能な限り透明にし、可能な限りブラックボックスの部分を減らす、ということになります。また、人工知能自らが自分を構成している要素と要素間の関係について説明できるようにしておくことも望まれます。それによって、結果として現れている現象の原因をいつでも追及できるようにしておくべきです。

ここまでは、技術的にも十分に可能ですし、「今後我々はそのように人工知能の世界を構成していく」というある種の倫理的な宣言を世界中の人工知能研究者が協力して行うことも検討すべきだと思います。意識も、心も、実体ではなく、下位レベルの相互作用から生まれる上位レベルの現象であると著者は考えています。下位レベルの作り込みを透明、自己説明可能、かつ可制御に行うべき、というのが著者の考えるＡＩ倫理です。

しかし、その先に、技術的な問題を超えた難しい問題は相変わらず残ります。ここからの議論はＳＦ的な抽象的な話になってしまいますが、一応、著者の考え（あるいは夢）を示しておきたいと思います。

たとえ透明に作っておいても、誰が要素間の関係を変更する権限を持つのかという問題は残るし、スーパーインテリジェンス自身も自分の要素間の関係を変更しようとするかもしれないし、問題はいつまでたっても循環するかもしれません。

一つ考えられるのは、要素間の関係の変更の権限が一般市民全員に分散的に委譲されているというような構造にすることです。そうすれば、市民の集合知としてスーパーインテリジェンスの心が生まれるという形にできるでしょう。その場合、全世界で一つのスーパーインテリジェンスが一つの安定状態に落ち着くとは考えられないので、ローカルなコミュニティごとに異なる心が出現した分散的な世界に自然に落ち着くことになるでしょう。これは西垣による集合知に関する議論［西垣 13］にも通じます。西垣の言う「下位レベルにある暗黙知や感性的な深層をすくい上げ、明示化するような機能」を我々の作る新しい知能の世界の中に作り込みたいと考えます。それは、まさに著者が創造活動支援システムの研究の中で試みてきたことでもあります［堀 07］。

それがうまくいけば、現在のグーグル社やアマゾン社やフェイスブック社に寡占的に支配された世界ではなく、ローカルな文化が活性化された、今よりも精神的に豊かな世界を構成することができるかもしれません。いや、できるかもしれないではなく、ぜひとも、そのような新しい世界を構成すべく、研究を続けたいと考えています。

むすびにかえて――誌上討論

本書の第4章までの著者の先生方と著者は同じ時代に人工知能の研究を行ってきた仲間ですので、本音のところではあまり大きな考えの違いがないような気がします。しかし、今後の議論を面白くするためにも、あえて違いを強調して本章を作成しました。

そこで、草稿を前章までの著者の先生方にお送りして、コメントを頂戴しました。その中から、溝口先生からのコメントと長尾先生からのコメントをここで紹介して、本章のむすびとしたいと思います。

溝口先生からは、「重要、必要」と「本質的」の区別について、コメントを頂戴しました。まず、それを紹介しましょう。

溝口先生からのコメント

堀論文においては、「人が創造的に新しい人工物を設計しているという場面を想像してみよう。そこでは、『分散認知』、『環境とのインタラクション』、『シンボルグラウンディング』、『身体性やインタラクション』などがなければ、知能は機能しない。それらの要素の新しいあり方を作ってみせることは、人工知能研究の重要なテーマである」と述べられている。

ここで、堀は「分散認知」、「環境とのインタラクション」、「シンボルグラウンディング」、「身体性やインタラクション」などが「重要な要素」であると主張しているのであり、それらが「知能の本質」であると主張しているわけではないことに、読者は注意する必要がある。

溝口が解説した、知能の本質的要素であるところの、
一、推論と思考、二、学習と記憶、三、問題解決、四、言語とコミュニケーション、五、自己認識とメタ認知、六、先の五つのすべての基盤となる記号処理を支えるための、実世界と記号の双方向変換機能。
という六つの基本要素では創造性の説明は、本来的にできない。なぜならば、創造性がいかなる思考にのっとっているか未知であり、当分知り得ないものだからである。普通で言う知能とは別のものなのである。

絶対に誤解してほしくないが（そしていくら説明してもいくらかの人は誤解するであろうがあえて言う）、創造性を発揮できる人間はごく限られる。そして、それを知能の本質の一つに入れてしまうと、大多数の人間が普通に発揮している知能、六つの要素を駆使して発揮している知能を軽視する傾向が生まれることを危惧するのである。六つの知能をない

がしろにしかねない議論へ発展する傾向を持つ「創造的思考の過度な偏重によるゆがんだ知能への見方」には強く抵抗したい。

単にこれまで指摘されていなかった（六つの要素以外の）新しい要素（例えば、インタラクション）が重要な側面があるからといって、それが最大の重要な要素、あるいはこれまでの六つの要素を軽視した「知能の理解」へ進むことは極めて危険である。

人間は社会的動物である。文化は集合知の権化のようなものであり、無意識に個々人の人格形成、行動への制約として働いている。しかし、そのことは「知能とは（その本質は）何か」という問いとは話は別である。そうだからといって、個々人が持つ知能に関する見方は何の変化もない。ただ、そういう制約の中で六つの知能要素を発揮しているだけである。私は「身体性やインタラクション」を否定していない。ただそれは「新しいパラダイム」と見る必要性が乏しく、単に、一個の知能（頭脳）が他の頭脳とインタラクションすればいいのであるし、身体性の制約の下で行動すればいいと主張している。

必要であるからといって本質であるとは言えない。重要だからといって別のパラダイムが必要であることにはならない。別のパラダイムを要求するときにはもっと慎重になる必要があるということを、あらためて確認しておきたい。

この溝口先生からのコメントに対して、著者もまったく異論はありません。著者も創造性という特別の能力が知能の本質的な要素の一つとして存在しているとは考えていません。著者が、従来から「創造性支援」という用語ではなく、「創造活動支援」という用語を用いてきたことにもそれが現れています。著者らが作ってきたシステムが支援するのは、創造性ではなく創造活動です。溝口先生にコメントしていただいたとおり、誤解している人も世の中には少なくないようですので、著者の本文でも、そのあたりを少し強調してみました。

長尾先生からは、以下の二点のコメントを頂戴しました。

一、機械（人工知能）に心を持たせる問題

これは機械を使う人から見て〝機械が心を持ったように感じられる〟ようにすることである。使用者の気持ちを汲《く》んで行動してくれる機械は徐々に実現するだろう。褒めたり叱ったりしながら生徒の教育をするシステム、あるいは人と論争をすることによって人の考えを深めてくれるシステムなども作られるようになるだろう。要するにこれから作られる機械を人間にとって実に便利で文句のつけようのないもの（人間の秘書、完璧な使用人のよう）にすることができれば、心を持つ／持たないの問題は論じなくてもよいわけである。人工知能はこれを目指すべきであろう。

二、人工知能は暴走する？

人あるいは社会が人工知能を心配するのは、世界には悪があり、どんなに防御的な配慮をしてもそれをくぐり抜けて悪をなす者がいるという事実があるからである。堅固に作られたソフトウェアシステムに対する侵入やネット上のサイバー攻撃、無人攻撃機による戦争等々いろいろある。人間による制御が不可能になるようなインテリジェンスがスーパーインテリジェンスなのだから、そもそも自己矛盾であることを認めながら、それに対する対策を考え、またAI倫理を浸透させ、集合知で健全化を図る等々の堀先生のご提案は貴重ではあるが、世の中の悪を逃れることはできないだろう。これは人工知能だけの問題ではない。原爆の拡散防止がなかなか成功しないし、個人でも作れるだろうという。人間の知的活動が越えてはならない一線を越えたということではないだろうか。

長尾先生からの二点のコメントは、どちらも、今後の人工知能の研究を考えるときに、重要な示唆を与えています。

実は、今後の人工知能の研究のあり方については、西田先生をはじめ他の先生方とも議論が始まったのですが、とてもこの紙面におさまりそうにありません。人工知能学会倫理委員会という委員会でも議論が始まっています。いろいろな場を利用して、議論の続きを紹介していきたいと思います。

参考文献

［Candy 03］　Candy, L. and Hori, K., The Digital Muse: HCI in Support for Creativity: Creativity and Cognition Comes of Age: Towards a New Discipline, *ACM Interactions*, Vol. X.4, pp.44–54 (2003)

［堀 07］　堀浩一，『創造活動支援の理論と応用（知の科学シリーズ）』，オーム社 (2007)

［松村 11］　松村真宏，仕掛学：気づきのデザイン—参加型ワークショップにおける仕掛けの事例—，『人工知能学会誌』，Vol.26, No.5, pp.425–431 (2011)

［西垣 13］　西垣通，『集合知とは何か—ネット時代の「知」のゆくえ』，中公新書 (2013)

［山川 13］　山川宏，我妻広明，吉田倫子，特別企画「シンギュラリティの時代：人を超えゆく知性とともに」にあたって，『人工知能学会誌』，Vol.28, No.3, pp.424–426 (2013)

大阪大学大学院工学研究科の浅田稔先生は認知発達ロボティクスの第一人者。人工知能はプログラムだから必ずしも身体を必要としないという立場とは異なり、人間の知能を理解するには物理的な身体を持つロボットが欠かせないとする立場です。

知能の働きを「説明原理」で記述するのではなく、人間の赤ん坊の発達をベースにロボットを作り、ロボットを作ることで赤ん坊の発達を理解しようという「設計原理」に基づいた発想です［**問い7**］。物理的な身体があれば、実験を通じて仮説を検証できるから、精緻なモデルを作ることができるとしています［**問い8**］。

「猫を認識できるグーグルの巨大頭脳」のようにビッグデータとディープラーニングの組合せがあれば身体はいらないのでは、という疑問にも、撮影者の視点や重力などの環境による入力画像への偏りに身体が関わり、また仮に、入力に対する構造化能力は持てても、それを検証する手段として身体は必要だと述べています［**問い16**］。

ロボットインテリジェンスを実現するには、他者（環境）とのやり取りから（社会性）、ロボット自身が自らの身体を通じて（身体性）、情報を取得し解釈する能力（適応性）と、その過程を持つこと（自律性）が必要です。①仮説生成→②コンピュータシミュレーション→③実エージェント（人間、動物、ロボット）によるモデル検証、を通じて認知発達の計算モデルを構築していきます［**問い9**］。

認知発達ロボティクスによる知の設計

浅田 稔

問い1　人工知能とは何ですか?

答え1.1　日本の社団法人の学会の名前です。

問題をはぐらかしているわけではありません。二〇一三年夏に、北京で開催された人工知能の国際会議であるＩＪＣＡＩのＷＳの招待講演に呼ばれて、北京清華大学（ＷＳやチュートリアル開催場）とＢＩＣＣ（北京国際コンベンションセンター：メインの会場）に赴きましたが、人工知能学会の会員どころか、日本人の姿をほとんど見かけませんでした。これは、日本の人工知能研究者がＩＪＣＡＩをターゲットにしていないということなのでしょうか？ 現状のＩＪＣＡＩの研究領域には満足していない著者ですが、コミッティにも日本人がほとんどいないというのも寂しい限りでした。コミッティのサイトで、知り合いのセバスチアン・スラン[1]やベルンハルト・ネーベル[2]は、ＤＡＲＰＡチャレンジの優勝者であったり、ロボカップ中型サイズで一時期常勝チームのリーダーであったりと著者が知る限り、ロボティクスでも活躍してきた研究者です。というよりも、人工知能とロボットの研究の境界がありません。これは、ごく自然な考え方であり、映画「ＡＩ」や「チャッピー」は、一般大衆が考えている人工知能のイメージそのものと言えます。ロボカップの実ロボットリーグの出場チームは、欧米では計算機科学専攻が多いのですが、日本は少なく、機械工学系が中心です。これは、欧米では、実世界の課題を考える上で、ロボットが知能研究の優れたツールとして認識され、設計、製作を通じて、問題の本質をとらえようとしているように思えるのに対し、日本では、不幸にもロボティクスと人工知能、より広くは情報科学の両方をやっている研究者があまりおりません。これは、知能の問題を「人工」という立場から考える上で、システマティックな欠陥に映ります。この問題は、以降でさまざまな視点から触れま

1 — S. Thrun http://en.wikipedia.org/wiki/Sebastian_Thrun

2 — B. Nebel http://en.wikipedia.org/wiki/Bernhard_Nebelpp

す。

問い1　人工知能とは何ですか?

答え1.2　知能の定義が明確でありませんので、人工知能を明確に定義できません。

問い2　知能に関連したと思われる工学的な研究がすべて人工知能研究ですか?

答え2　そうではありません。あまりに広すぎます。少なくとも、知能に関する本質的な課題が何で、それを人工的にどう解くかが問題です。

問い3　知能に関する本質的な課題って何ですか?

答え3　それが最も重要です。その意味で、自然知能を無視できません。

問い4　自然知能って何ですか?

答え4　知能に対して、そのサブセットとして人工知能が定義されるなら、知能の全体集合から人工知能を差し引いたものが自然知能と考えられます。

それは生物一般の知能から、ヒト（種として）、もしくは人間（社会的存在も考慮した一般的な存在として）特有の知能のあり方を含めて、それらすべてが研究対象です。本章では特に、人間の知能について指すことが多いです。そのため関連分野としては、脳神経科学、認知科学、心理学、社会学などが含まれます。最近では、各分野で学際的活動が増えており、こういった分野の分け方自体に意味がなくなりつつあります。

問い5　人工知能は自然知能を無視してきたのですか?

答え5　歴史的には、人工知能研究は内外含めて、「人工知能」という呼称を持ちながら、これまであまりに「自然知能」に関する研究を扱ってこなかったと思われます。

「artificial intelligence（ＡＩ）という名称が生まれ、ＡＩという研究分野が陽に形成されたのは一九五六年のダートマス大学（ニューハンプシャー州）で開かれた研究集会からである。この研究集会を立案したのは当時二十九歳のジョン・マッカーシー[3]であり、その後のＡＩ研究の指導的役割を果たしてきたマービン・ミンスキー[4]、ハーバート・サイモン[5]、アレン・ニューウェル[6]そしてシャノン[7]らが参加した。そして、まだ数値計算が主体であったコンピュータの潜在的能力に着目し、『人間のように』[8]思考し知的能力を発揮させる研究について議論された。」［人工05］

ここで、曲者は「人間のように」です。これを人工的に実現する上では、人間自身に関する自然科学、人文科学の分野との連携は必須と考えられますが、当時は、「分野が異なる」ということで、双方が歩みよることはありませんでした。人工知能サイドからすれば、設計論に使えるような自然科学サイドの知見を見つけることが困難でした。また、自然科学サイドからすれば、人工知能という新しい分野におつき合いする意味合いや余裕がなかったと想定されます。

さらに悪いことには、双方とも、問題が細分化し、なおさらギャップが深まったように見えたことです。一九六〇年代後半から七〇年代初頭まで、スタンフォード研究所で開発された知能ロボット「Shakey」[9]は、汎用の知能を有する移動ロボットとして開発されましたが、隣の部屋にある物体を発見するといった単純な人工環境でのタスクですら、実際の物理世界のさまざまな現象に対応することが困難であり、この後、プラニング、探索、コンピュータビジョン、運動制御などの個別の分野に分かれ、それぞれの分野で個別の問題を扱うようになってしまいました。

生物学においても、二〇世紀に入って、細分化の傾向は、強くなり、それに従い、それらの境界も曖昧になってきたようです。[10]

人工知能と自然知能のギャップは、現在でも、もちろん解消されたわけではありませんが、生物学が諸分野の曖昧な境界を内包せざるを得なかったように、近年の科学技術の進展は、そのギャップを埋めつつあり、それにより、分野を超えた学際的（multidisciplinary, interdisciplinary, transdisciplinary）な研

3 — J. McCarthy
4 — M. Minsky
5 — H. Simon
6 — A. Newell
7 — C. Shannon
8 — 『 』は著者。
9 — http://www.ai.sri.com/shakey/
10 — http://ja.wikipedia.org/wiki/生物学

究の推進が注目されつつあります。

問い6　**自然知能と人工知能は別物ではありませんか?**

答え6　**いい質問です。少し長いですが、東京大学の國吉康夫氏との共著『ロボットインテリジェンス（岩波講座4）』**［浅田 06］**からの文章を引用しながら、そのポイントを指摘したいと思います。**

鳥か、飛行機か——生物の知能とロボットの知能

大方の意見?「ライト兄弟以前に、飛行機を実現しようとした多くの試みがありました。これらがことごとく失敗したのは、飛行の原理を考えることなく、鳥を真似た翼を作り、鳥を真似てはばたいて飛ぼうとしたからです。今日のジェット機を見てください。工学は、およそ鳥とは似ても似つかない新たな機械を創造し、それが飛行機としては、同じ間違いをすることになります」。

ライト兄弟は鳥を見た

◉人々を飛行機の開発に駆り立てた「飛びたい」という思いは、鳥（あるいは昆虫など）の飛ぶ姿を見ることで発生しました。

◉「飛行」という概念は最初は「生物の飛行」と同一であり、今もジェット機と鳥は本質的には同じ意味で「飛んでいます」。

◉失敗した人々は、鳥の見かけにとらわれ、外形だけ鳥に似た翼を作り、はばたきにこだわるなど、表相的構成論に終始しました。

◉世界初の動力飛行機を発明したWilbur and Orville Wright（ライト兄弟）と、それに先立ち固定翼グライダーと揚力の原理を含む空気力学を創ったSir George Cayley（ケイリー卿）は、誰よりも徹底的に鳥の飛翔を観察し、分析し、見かけにとらわれず、鳥が飛行を生成し操る本質的な原理を抽出し、小型試作モデルを構築し、実験を繰り返して改良を続行してきました[Scott99, 秋本 03]。

◉ 上記の過程で、表相的には鳥と似ていませんが、翼の断面形状や捻りによる操りなどの本質的な点では、鳥と同じでした。これにより「飛行」の概念は、見かけ上の「鳥の飛行」から、根本的な原理に深化、抽象化されました。

このアプローチは、知的行動の見かけをそのまま作ろうとするのでなく、知的行動発生の最も基本的な原理を見極め、それを実際の環境中に構築し、実験しながらスケールアップしていくことに対応します。

飛行機が鳥になるとき

生物の飛行原理の本質を突き詰めたことが、さまざまな境界条件に対応してさまざまな飛行体に進化させることを可能にしました。

- 今日のジェット機

◇ 目的　大量の人や物を、遠方まで高速に安定して運搬。
◇ 境界条件　外乱の少ない高空。エネルギー源や機構実現性が束縛。
◇ 鳥と同じ飛行原理から出発しながら、全く異なる目的と境界条件の下で進化。そのため、見かけ上鳥とは大きく異なる存在。

- 鳥

◇ 巣からただちに飛び立ち、棲息環境付近の低空を自在に飛び回り、滞空して餌を探し、発見すれば急降下して捕らえ、巣に舞い降りる必要。
◇ 全体の寸法重量を小さく保ち、エネルギー消費を最小限にすることが重要。[11]
◇ 鳥が、飛び立つまでに延々と滑走し、大量のエネルギーを浪費して一直線にしか飛

11 ― この進化淘汰圧の結果、発声機構が進化したと言われています[Deacon 98]。

べなかったとしたら、鳥は絶滅。

鳥のように、マンションのベランダからさっと飛び上がり、ビルや電柱や他の飛翔体を避けつつ、オフィスの窓に舞い降りて出勤します。騒音や排気ガスもありません。このような夢の飛行機は、外見上もかなり鳥に近いものになるかもしれません。

知能についても同じことが言えるのではないでしょうか？

◉ 我々にとって「知能」という概念は「生物の知能」と一体で、いかなるロボットも、知能を持つなら、その根本原理は生物と共通しているでしょう。

◉ 生物の知能を分析して、その本質的な原理を解明できれば、そこからさまざまな知能ロボットに進化するでしょう。

◉ 人間の生活環境の中で、人間とやり取りしつつ、人間の仕事を肩代わりしたり助けたりする、という人間共存ロボット（human symbiotic robots）は、人間と似た知能を持つものに進化するでしょう。

◉ 非人間的な条件下で働くロボットの知能は、見かけ上人間とは異質のものに進化するかもしれません。しかし、知的に振る舞う限りは、根本的には生物と同じ知能の原理を共有していると思われます。

この引用以外にも、本書は、知能に関する著者らの思いを真摯に語っているので、一読をお勧めします。一般向けには、『ロボットという思想』［浅田 10a］もあります。

問い7　それは、ロボットの話ではないですか？

答え7　これを対岸のことと考えるべきではありません。

『ロボットインテリジェンス』を共同執筆した國吉氏と浅田の見解は、もちろん、ロボットインテリジェンスにこそ知能研究の本質があると信じる、というものです。だからといって、すべての人工知能研究者がロボットを使って研究しなさいと言っているわけではありません。もちろん、ロボカップで示されているように、ロボットを扱うことは、実世界の問題を肌で感じる上では、非常に良い体験になると確信しているので、強く推奨するものですが、ここでのポイントは以下です。

◉従来の自然科学、人文科学が説明原理に基づき、記述するのに対し、我々は、設計原理に基づき、観察と知見を駆使して、本質と思えるものをとらえることにチャレンジしていること。
◉設計原理に基づく理解は、そのまま構築に直結し、構築物による検証が可能であること。
◉右記は、理解と構築が一方通行ではなく、相互フィードバックを通じて、より高度な理解とより精緻な設計に深化、そして進化すること。

問い8　従来の自然科学、人文科学にロボットが必要なのですか？
答え8　我々は必要と考えています。ロボットは象徴で、設計原理に基づく構成的なアプローチが重要だということです。

学際的なアプローチが必要条件です。例えば、「意識」の問題などは、脳神経科学の分野では、二〇年くらい前では、科学の対象と想定されず、扱うこと自体が問題視されていましたが、近年では、機能イメージング技術の向上により、さまざまな生きた脳活動が観察され、多くの知見とともに、矛盾する結果もあり、新たな論争の種が出始めています。当然のことながら、完全な理解からはほど遠く、一つの分野からの解析や理解だけでは、不十分で、他の分野との連携など、学際的なアプローチが必要です。

知能に関連する意識、自由意志、記憶、自他認知、注意など、それぞれに個別の一部の状況における知見はあるものの、それらがどのようなメカニズムでどのように作用し、互いに結びつくかに関しては、多くの謎が残されています。

このような状況では、従来手法の延長だけでは、ブレークスルーを得ることは困難です。そこで、構成的手法の登場です。設計原理を導入することで、説明原理だけでは困難な動作原理やその発達過程に対して仮説やモデルを構築し、実証実験を通じてモデルを精緻化することで、新たな知見と同時に設計方式が明らかになると期待されています［Has］。

問い9　ロボットインテリジェンスを実現するには、具体的には、どのように進めるのですか?

答え9　相互に関連する二つの流れがあります。

著者らがここ二〇年近く主張している認知発達ロボティクス［Asada 09］から、その手法に関する記述を引用します［浅田 10b］。

環境、身体、タスクが一体となって、認知発達するロボットの設計論を構成しなければなりませんが、物理上、二つに分けて説明します。一つは、身体を通じて行動するための環境表現を構築していくロボットの内部の情報処理の構造をどのように設計するか、もう一つは、そのように設計されたロボットが上手に学習や発達できるような環境、特に教示者をはじめとする他者の行動をどのように設計するか、です。両者が密に結合することで、相互の役割である学習・発達が可能です。

重要なポイントは、獲得すべき行動をロボットの脳に直接書き込むのではなく、他者を含む環境を介して（社会性）、ロボット自身が自らの身体を通じて（身体性）、情報を取得し解釈していく能力（適応性）と、その過程を持つことです（自律性）。

認知発達ロボティクスのアプローチは、主に二つに分かれます。一つは、機構の仮説を立て、コンピュータシミュレーションや実際のロボットを使って、実験し、仮説検証と仮説の修正を繰り返すことです。もう一つは、上記の過程で環境の主役の人間側の行動や機構そのものをコンピュータシミュレー

ションや実際のロボットを使って、調べることです。これらは互いに関連し、相互フィードバックします。まとめますと、

A

認知発達の計算モデルの構築

(1) 仮説生成：既存分野からの知見を参考にした計算モデルや新たな仮説の提案
(2) コンピュータシミュレーション：実機での実現が困難な過程の模擬（身体成長など）
(3) 実エージェント（人間、動物、ロボット）によるモデル検証↓(1)へ

B

人間を知るための新たな手段やデータの提供↓結果のＡへのフィードバックやＡからの結果のフィードバックもあり

(1) イメージングによる脳活動の計測
(2) ヒト、動物を対象とした検証実験
(3) 新たな計測手段の開発と利用（提供）
(4) 再現性のある（心理）実験対象の提供

仮説や計測対象などは、既存分野の知見を表層的に借りるのではなく、新たな解釈や、さらには修正を迫れる内容にすることが肝要です。

問い10　認知発達ロボティクスの最新の研究成果は何ですか？

答え10　その試みは著者の前プロジェクトで一部実現しています。

図６・１〜６・３に示すのは、著者らが手がけたＪＳＴ ＥＲＡＴＯ浅田共創知能システムプロジェクト[12]の全容です。共創の意味は二重で、一つ目は、他者を含む環境との相互作用を通じた知能の創発、

12 — http://www.jst.go.jp/erato/asada/

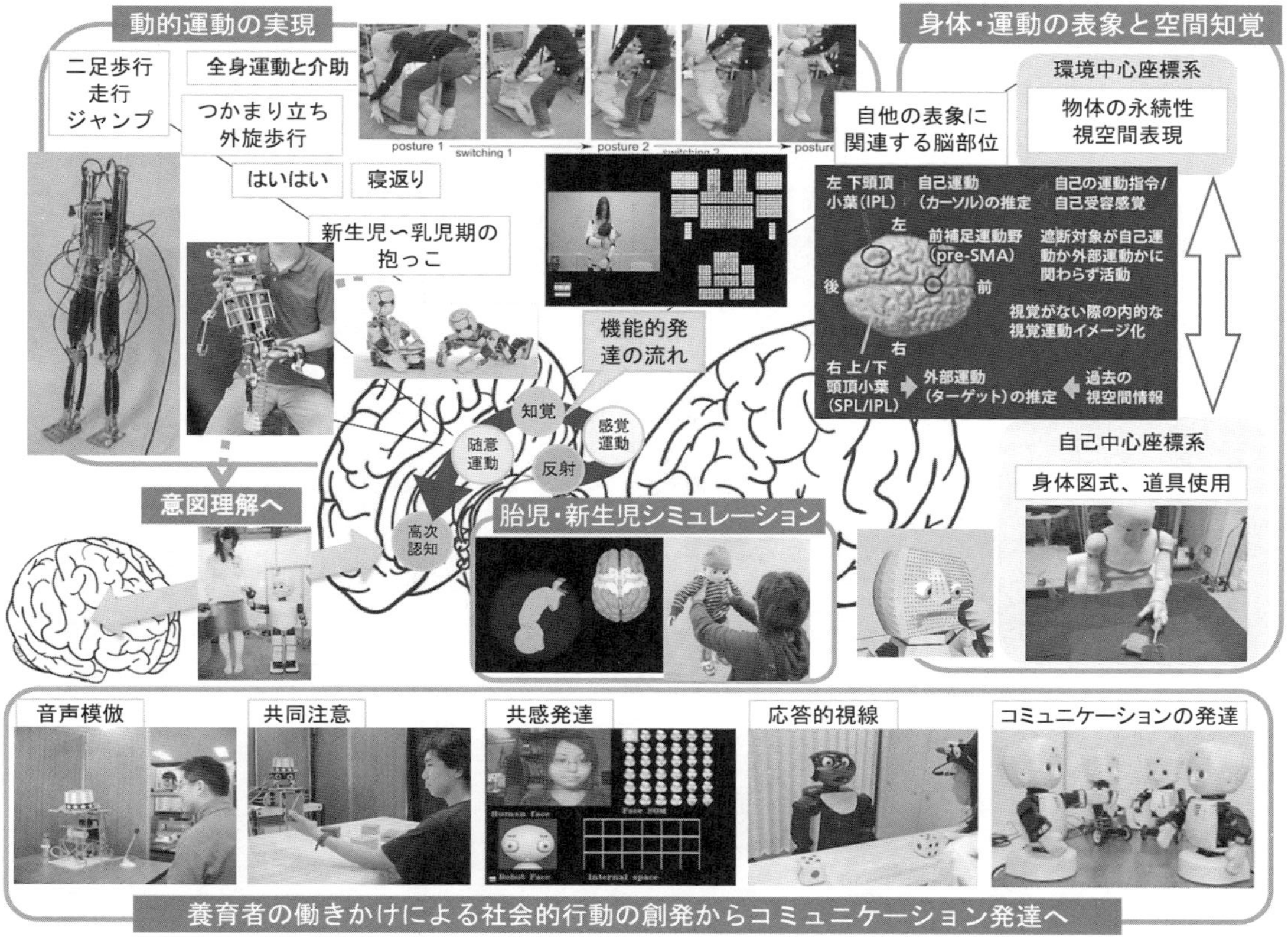

図 6.1　認知発達マップ（文献[Asada 09]の Fig. 3 を改編）

図 6.2　神経ダイナミクスから社会的相互作用へ至る過程の理解と構築による構成的発達科学プロジェクトの概要

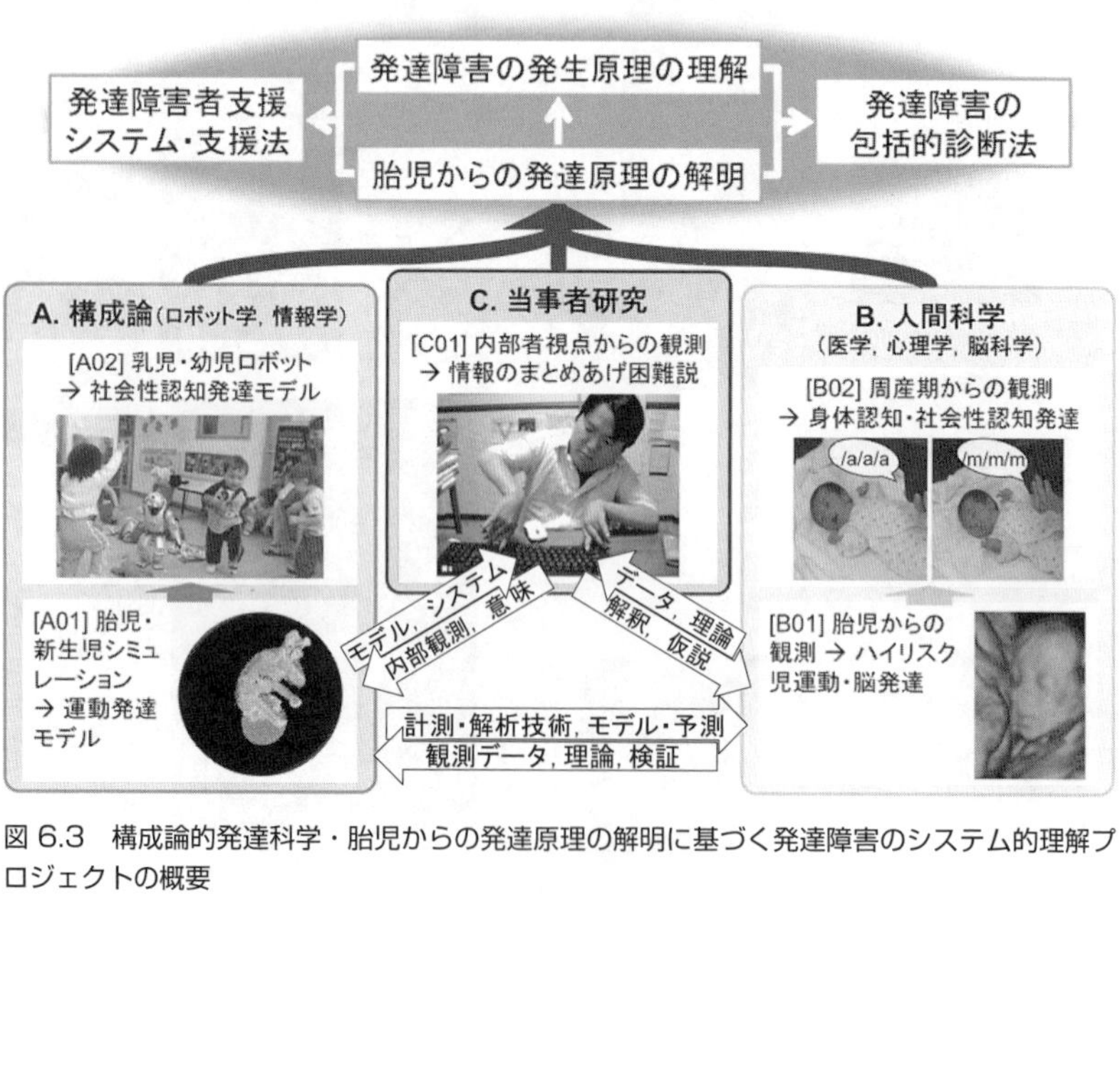

図 6.3　構成論的発達科学・胎児からの発達原理の解明に基づく発達障害のシステム的理解プロジェクトの概要

二つ目は、単一の学問分野ではなく、学際的な協働の意味を込めています。例を二つ示します。

◉ **胎児・新生児の発達シミュレーション**　胎児・新生児の発達シミュレーション［Kuniyoshi 06］は、誰も知りえなかった、子宮内の胎児の感覚運動発達を、生理学の知見を基に、運動野と感覚野などからなる脳神経系、約二〇〇本の筋肉からなる筋骨格系、羊水を含む子宮内環境の三つの相互作用シミュレーションを実現しました。結果として、胎児期における身体マップや反射的な行動の学習による獲得の可能性が示され、既存の知見に新たな洞察を与えました。

脳のシミュレーションでは、イジケビッチら[13]［Izhikevich 08］が、一〇〇万本スパイクニューロン、五億シナプス結合を駆使して、哺乳類脳の視床皮質システムの大規模な計算実験を行いました。通常の脳の活動らしきものが観察され、それがビルトインではなく、多数のニューロン間の相互作用として発生したと報告されています。ただし、身体はなく、人工的な入力が与えられているだけであり、発生した活動の意味の解釈は困難です。当然のことながら、身体の発達が脳の発達に影響を与えることを想定すれば［Pfeifer 06］、身体からの入力が、脳の情報処理の構造を構築していく過程をシミュレートすべきであろうと考えられます。その意味では、國吉と寒川［Kuniyoshi 06］のシミュレーションがより本質的に映ります。最近では、より精緻化された身体を使い、触覚の均一分布など、自然には存在しない胎児発達との比較も行われており［森裕 09］、構成的手法の醍醐味です。

◉ **親子間を想定した音声模倣**　親子間を想定した音声模倣実験では、養育者側の明示的・非明示的教示が学習者の模倣発達を促すと考えられますが、それらの検証は容易ではありません。そこで、石原ら［Ishihara 09］は、知覚運動マグネットバイアスと自己鏡映バイアスを養育者側の二つのバイアスとして想定し、それらがバランスよく作用することで母音の学習が効率的になることを示しました。前者は、母音の連続的な音声入力に対

13 — E. Izhikevich

して、知覚される母音が離散的になる現象で、六か月頃から母語の影響により明確になると言われています［Kuhl 91］。後者は、学習者が自分のまねをするという養育者側の思い込みが、学習者の母音を養育者の母音に引き込むことを計算モデルとして示したもので、プラセボ効果に類似しており、被験者を対象とした心理実験で、その効果が実証されています［石原 11］。

前者の胎児・新生児の発達シミュレーションでは、生理学・脳神経科学との融合が、後者の親子間を想定した音声模倣では、認知科学・発達心理との融合が図られています。このほかにもさまざまな融合研究がなされてきましたが、これらの分野にインパクトを与え、パラダイムシフトを起こすには、まだ時間を要しそうです。

問い11　パラダイムシフトとは、何を意味していますか？

答え11　説明原理から設計原理による新たな科学の創出を指します。

先にも述べたように、従来の科学が観察と解析を中心とする説明原理に基づくのに対し、人工物の設計・製作・作動を通じて、従来仮説の検証、新たな知見の発見などが期待されます。さらにより重要なことは、従来の科学手法が、神の視点からの解析であるのに対し、設計原理では、環境の状況に遭遇するエージェントの視点を持ちうることで、新たな発見につながる可能性を秘めていることです。これが、パラダイムシフトです。

問い12　パラダイムシフトは可能ですか？

答え12　もちろん容易ではありませんが、道筋はあります。

先にも述べたように、単一の科学規範では、理解が困難か不足であり、学際的なアプローチをとることが、パラダイムシフトの必要条件です。では、「十分」にする要件は何でしょうか？　従来の科学規範の統合では、本当に不可能かという議論です。逆に言えば、認知発達ロボティクスは、既存の科学規範とは無縁なのでしょうか？　もちろん、そうではありません。既存の科学の成果は、地味で目立たない地道な努力の結晶の積み重ねであり、当り前と思えることを、正確に論理を詰めて実証していく作業の過程を含みます。その意味では、既存の科学の限界を見極め、その上で認知発達ロボティクスの構成的手法の持つ意味を高めなければなりません。それに値するのは、相互作用の課題と考えられます。ニューロンレベル、脳の領野レベル、個体レベルなどの各レベルで、対象や表象は異なるものの、コミュニケーションなどの複数の主体性を持ったエージェント間の相互作用は、個体レベルでは言語発達などの課題を含み、相互作用の定式化が困難です。ニューロンレベルや脳の領野レベルでは、先に示した國吉と寒川[Kuniyoshi 06]が一例と考えられます。繰り返しになりますが、(1)既存科学の知見を集積し(この意味では、既存のパラダイムの利用、分野の統合)、(2)それらに無矛盾な、もしくは、それらの間での矛盾や論争を解き明かす仮説もしくはモデルを構成し、(3)シミュレーションもしくは、実空間での実験をとおして、これまでにない事実の発見、もしくはミステリーの解を与えることです。

(1)の意味では、既存科学規範の否定ではなく内包を意味します。よって認知発達ロボティクスの研究者は、関連する発達心理や神経科学に関して、しっかり勉強する必要があります。(2)がアイデアの出しどころで、工学者の持っているセンスを遺憾なく発揮できるかです。すなわち、(1)での融合的意味合いをアイデアとして出せるかどうかです。単一の既存科学の範囲内では想像だにできなかったことを創出できれば、単なるブリッジ役から主役に躍り出ることが可能になります。(3)では、その結果が(1)の関連分野にインパクトを与えることができるか否かがポイントです[14]。難しいのは、単一の科学もしくは技術規範の価値観で評価した場合、既知か、既存手法に劣ると見られることです。これを超えるためには、新たな価値観を創出しなければなりません。これが、パラダイムシフトの最終条件です。

問い13　パラダイムシフトの最終条件となる新たな価値観とは何ですか？

答え13　すでに一部答えていますが、これは読者自身でも考えてください。

14 ― これは、論文[浅田 04]に対する下條信輔氏（カリフォルニア工科大学）からの宿題（コメント）でした。

これは、研究者として何を究めるかを自身に問うことで、読者が研究者を目指すなら、おのずと見えてくると期待したいです。

問い14　ロボット以外に同じようなアプローチが可能なのですか？

答え14　環境との相互作用という意味では、さまざまな場合が考えられます。

ロボットがわかりやすい例、もしくは、著者が自信を持って伝えられる、という意味でこれまで説明してきました。その理由は、繰り返しになりますが、物理的身体が実世界の中での相互作用を通じて、入出力関係の構造化を可能にし、知覚・行動の意味で表象がグラウンドしているのがわかりやすい例だからです。

ロボティクスでは、物理的身体が前提なので、身体性が含まれていると思われがちですが、その保証はありません、むしろ、身体と環境の相互作用のダイナミクスを静的・固定的なモデルで押し潰している場合もあります。逆に、拡張的な意味合いで、身体性を問うているのは、東京大学の池上高志氏です。物理的な存在よりも、情報の発信可能性に重きを置いています[15]。そうすると、例えば、ネット環境は、情報が行き交い、マルチモダルな表象のダイナミクスがあり、十分、適用可能と考えています。たとえ、グラウンドさせているのが、ユーザーの人間だとしても、情報の構造化のダイナミクスは興味ある研究対象です。

問い15　情報の構造化のダイナミクスは、最近はやりのビッグデータと関係しますか？

答え15　無意識下の計算とビッグデータの取扱いとの間に類似性があるのではないかというのが、著者の暴論です。

ここでは、ビッグデータの象徴として、「猫を認識できるグーグル社の巨大頭脳[16]とクイズ王に勝ったＩＢＭ社のワトソン君[17]をネタに話を進めましょう。

15 ― 池上氏とのパーソナルコミュニケーション。

16 ― http://wired.jp/2012/07/06/google-recognizes-kittens/

17 ― http://ja.wikipedia.org/wiki/ワトソン_(コンピュータ)#cite_note-6

これまでの人工知能研究では、生物学的視点で見れば、設計者視点では、少なくとも意識レベルの処理を扱ってきたように思えます。無意識下の計算は、明示的なロジックが見えるはずもなく、無視されがちですが、実は、無意識下の計算が大きな意味を持つことは、最近、デフォルトモードネットワーク[M. E. 10]の知見などで、明らかになりつつあります。意識レベルで自分で意思決定しているつもりが、身体がそれより前に反応し、意識レベルの脳は、それに従っているだけというスキームは、自由意志の問題も含め、興味ある構図です。この無意識下の計算とビッグデータの取扱いとの間に類似性があるのではないかというのが、著者の暴論です。

人の名前、楽曲のタイトルや歌手を思い出そうとするとき、意識的には、思い出すことを諦めて、他の活動をしていることが多く、思い出せるまでの探索過程を意識することは難しく、無意識下で探索しているように思えます。チェスマスターを破ったディープブルー（Deep Blue）の巨大な計算資源を擁する探索手法は、見かけ上のアルゴリズムよりも、探索過程が無意識下の計算に見えたりします。なので、人間とは桁違いに異なる手法と言われることに違和感を若干感じます。チェスマスターが意識レベルで自身の戦略過程を語る時点で、それは、無意識下の計算に支援されているとしても、説明ができないだけではないかという可能性を感じます。このことは、組合せ数がチェスに比べて桁違いに大きい囲碁や将棋などで、より顕著に感じます。パターンとしての解析などがあり、意識的・明示的な探索よりも、非明示的ゆえに無意識的な過程が内在されていると想定されます。デフォルトモードネットワークのエネルギー消費量が意識レベルの活動の二〇倍にも達することを考えると、あながち力ずくと思える処理過程を人間自身が無意識下の計算として内包していると考えても不思議ではないと考えています。[18]

まずは、「猫を認識できるグーグル社の巨大頭脳」からとりかかりましょう。SIFT、HOGなどの手作りの特徴量を用いず、特徴量を画素から統計的に学習するディープラーニング（深層学習：deep learning）と呼ばれる手法で、低レベル特徴から高レベル特徴までの階層構造を有します。低レベルな特徴ほど、さまざまなタスクで共有可能で、深層信念ネットワーク（deep belief networks）、深層ボルツマンマシン（deep Bolzmann machine）、深層ニューラルネットワーク（deep neural network）などの

18― 本章脱稿後、二〇一六年三月にディープマインド社の「アルファ碁」が、韓国のイ・セドル九段を四勝一敗で破ったことは記憶に新しい出来事です。チェスと異なり、局面の状況をパターンとしてとらえているらしく、その過程そのものは、棋士のやり方に近いかもしれません。これまでのビッグデータに依存した量の変化が結果として質の変化になり得るかは、筆者には定かではありませんが、人工知能がホワイトカラーの職をも奪うと主張する[フォード 15]に関しては、書評[浅田 16]で、日本としては人工知能との共生が課題であると主張しました。

手法があります。リーら[Le 12]は[19]、スーパービジョン（super vision）と呼ばれる深層ニューラルネットワークを使って、実験に成功しました。スーパービジョンは、六五万ニューロン、六〇〇〇万個のパラメータを有し、ラベルなしの一〇〇〇万枚の画像を一六コアのマシン一〇〇〇台で約三日間学習しました。回転・並進・スケール変換にも強く、普遍性があることが示されています。人の顔、ネコ、人体などで従来手法に比して、パフォーマンスが上がっています。

人間の視覚経路で言えば、物体認識なので、「What stream」の腹側経路が対応します[Purves 12]。網膜から外側膝状体を経由して、V1、V2、V4、そしてIT（下側頭回）、STS（上側頭溝）の経路において人の顔や物体認識の処理過程が構築されています。V1、V2あたりでの低次画像特徴から、ITやSTSにおける高次画像特徴の表象が階層構造を構成しています。ディープラーニングとの共通性は、すでに述べたように、階層構造を有し、階層が上がるごとに受容野が広くなり、選択性と普遍性が交互に現れることです。また、階層が上がるごとに複雑な特徴に反応するようになり、例えば、おばあちゃんニューロンらしきものが現れます。そして、ニューロンが形状に対してスパースに反応します[20]。

このような類似性を考慮すると、大量データを力ずくで処理しているように見えながら、人間の視覚情報処理過程をある意味で再現しているとも言えます。当然ですが、低次の特徴抽出から高次のものに至ることを通常、我々は意識しておらず、ある意味で無意識下の計算過程に対応します。ただし、リーらも論文で述べているように、人間の実際の視覚野は、彼らが使ったニューロン数の一〇の六乗倍であることを注意しておく必要があります。

問い16　このようなビッグデータの解析では、身体性はいらないのではありませんか?

答え16　いいえ、非明示的に含まれています。さらには、計算結果を検証する身体が想定されていません。

19 — Q. Le

20 — http://www.slideshare.net/takmin/building-highlevelfeatures

例えば、ユーチューブからのネコのさまざまな画像の場合、ウェブに上げる時点で、撮影者の撮像意図（良いポーズ）、身体的拘束（視点など）、重力の影響、環境の構造など、多くの拘束が含まれており、多量のデータを解析することで、その構造が浮き出てくる可能性は十分にあります。その意味で、十分使えるツールと見なせます。しかしながら、例えば、顔画像の場合の顔の意味を理解はできません。そこまで望まないという御仁もおられると思いますが、システムが顔の意味を解釈してほしいと思うのは、高望みでしょうか？ 実際、ウェブ上の討論でそのことが指摘されています。[21]

認知発達ロボティクスとしては、判別結果を行使する身体が欲しいのです。そのことにより、システムが何を識別したかの検証が可能になります。古い実験で申し訳ありませんが、ヘルド[22]とハイン[23][Held 63]は、生後二週間の双子の子猫を使った実験で、回転するゴンドラに一方の子猫を乗せ、片方は自力で運動して、このゴンドラを回転させ、まわりの環境を縦縞の筒状態としました。このことで、視覚情報は二匹の子猫で同一です。その後、ビジュアルクリフと呼ばれる、透明ガラスで覆われた段差の歩行実験で、自ら運動した子猫のほうは、段差部分で深度の違いを知覚し、段差の前でとどまったのに対し、ゴンドラに乗った子猫のほうは、段差を無視してガラス板の上を歩き続けました。これは、視覚情報として奥行き情報に対する視差情報とおぼしき表象は、獲得しても、その物理的な意味をグラウンドできなかったことを意味し、視点が仮に身体的拘束を受けても、その意味を解釈する身体が同時に存在しないことには、意味がないことを示唆しています。これは、先に紹介したイジケビッチらの研究と同じで、入力に対する構造化能力は持ちながらも、それを検証する手段を持ち得ないことを示しています。その意味で、身体は必要です。

問い17　ＩＢＭ社のワトソンの場合は、シンボルが含まれる多量のテキストデータベースで、身体性は関係ありますか？

答え17　現状のワトソンが、対応するかは別として、ネット上の知識表現が生み出すダイナミクスは、情報を創発する意味で、身体性の要件を満たす可能性があ

21 — http://icml.cc/discuss/2012/73.html
22 — R. Held
23 — A. Hein

ります。

チェスのディープブルーの後釜プロジェクトとして、ＩＢＭ社本体に加え、八つの大学の協力を得て完成された質疑応答システムは、七〇ギガバイトに及ぶ事典や書籍のテキストデータを蓄え、事前に構文解析し、人手によって注釈づけられたデータを対象としていました[24]。音声認識ではなく、テキストデータで質問を受け取り、質問に対する解答候補を高速に引き出し、適切な解答を出します。多少のズレを差し引いても、そのパフォーマンスは、驚嘆に値します。個別のデータの実世界での意味の解釈はできないにしても、巨大な個々のデータの集積をうまく構造化したことは、価値があります。ここでのタグづけ、回答候補の選択、信頼度選択などは、既存の手法をシェイプアップしたにすぎませんが、ビッグデータを扱うことで、その価値が発揮されたと見なすべきでしょう。

学習や発達の観点から、ワトソンプロジェクトが今後、どのように進展するかを見届けたいです。その際、我々としては、結果として人間の知識獲得の過程のモデル化にどの程度迫っているかの解釈をしてみたいです。先にも述べたように、この知的と思える行動の根源に知能としての共通性を見いだしたいからです。というのも、人間とて、すべての事象を自らの経験で獲得しているわけではなく、言語が持つ表現能力に依存しながら、知識を獲得している様を考えるとあながち、単なる力ずくとも思えません（もちろん、基となる知識に関しては、自身の体験に基づくものと考えられますが）。望むらくは、シンボルのダイナミクスが生み出す拘束がネット環境での知識ベース上で、あたかも身体的な拘束に対応することで知識として表象を獲得し、それらからさらに新たな知識獲得へと進展する構造を見極めたいと思います。これまでのビッグデータに関する議論をまとめますと、

◉ 巨大なデータを扱う環境が整ってきたこと。
◉ 莫大な計算によるデータ処理は、人間の無意識下の計算に相当するかもしれないこと。
◉ 右記から、ディープラーニングもワトソンタイプも人間の認知発達のモデル化のツールとして使える可能性があること（これは先に述べた既存の分野や成果を取り込むことの

24 ― http://pc.nikkeibp.co.jp/article/trend/20110418/1031323/

意味）。

◉ これらのツールを使う動機を持つ主体は、現状、設計者やユーザーですが、人工システムがこのような動機づけを持つ可能性を追求することが、知的人工システムの究極の目的としたいです。

四つ目の項に関しては、賛否両論あろうかと思いますが、ここは、研究者の興味として追求したいと考えています。

問い18　そのためには、どんな研究テーマがありますか？

答え18　かなり強引ですが、人工システムが自己や他者の概念を獲得する過程をモデル化するテーマが重要です。

まずは、人間が自他認知をどのように獲得していくかという課題に対応するでしょう。そのテーマは、著者の現在のプロジェクト「神経ダイナミクスから社会的相互作用へ至る過程の理解と構築による構成的発達科学」[25]で遂行中です。この研究では、赤ちゃんが外界との相互作用を通じて、自己と非自己から、自己に似た他者（養育者）、自己と異なる存在の認知の発達過程を説明可能な計算モデルの提唱とそのイメージングや心理・行動実験による検証を通じたモデル精緻化を目指しています。この過程で、自他認知のキーとなるミラーニューロンシステム［リゾラッティ 09］が構築され、発達していくと想定されます［浅田 12］。詳細はウェブ[26]に譲るとして、全体の簡単な概要を前掲の図6・2に示します。計算モデル、イメージング、心理・行動実験、ロボットプラットフォームの各グループが密に結合して、自他認知の発達原理の解明を目指しています。

シンボルダイナミクスの過程は、本プロジェクトでは、脳内のニューラルダイナミクスに対応させて考えたいと思っています。外的物理世界からの信号が脳内に入り処理される過程になぞらえて、ネット上のさまざまなコンテキストが、ある意味で互いに拘束し合い、ある種の構造を構築していく過程と対

25 — 科学研究費補助金特別推進研究（平成二十四年度—平成二十八年度、研究代表者 浅田稔）。

26 — http://www.er.ams.eng.osaka-u.ac.jp/asadalab/tokusui/index.html

応するのではないかと考えています。脳の領野で異なるシナプスやその結線の構造は、ある知識ドメインのセマンティクスによる拘束に対応するのだろうなどといったことを考えていますが、実際に研究を進めているわけではありませんので、後は、読者諸氏に委ねたいと思います。

本プロジェクトに強く関連するプロジェクトは、東京大学の國吉康夫氏が率いる新学術研究「構成論的発達科学—胎児からの発達原理の解明に基づく発達障害のシステム的理解—（二〇一二—二〇一六[27]」）です。このプロジェクトの目玉の一つは、発達障害者の当事者研究［綾屋 08, 綾屋 10］です。当事者が自身の内観を語ることで、外界からの観測による記述とは異なるものが得られ、それが設計のヒントになります。例えば、通常、我々が無意識的に処理し、抽象化された状態として感知する「おなかが空いた」（実際、そう指摘されるまで、そう思っていませんでしたが）状態は、複数の下位レベルの状態の集合として知覚されます。そのため、彼らは、意識的にそれらをかき集め、今、自分がどのような状態であるかを推定します。この過程は、先に述べた無意識的過程に相当すると考えると、彼らの記述が、この過程をモデル化する際の示唆を与えてくれます。

この二つのプロジェクトは、構成（論）的発達科学の構築を目指しており、パラダイムシフトを起こしたいと考えているプロジェクトです。

問い19　**物理的身体は必然ではありませんと言いつつ、結局、身体性を前提としていますよね？**

答え19　**バレてしまいましたか？　著者らが自信を持って言えるには、どうしてもそうなってしまうのです。言い訳ですが、これに打ち勝つロジックを読者から著者らにぶつけてほしいと思っています。**

もちろん、素の身体を持たなくとも可能性は十分あると思われますが、通常の人間に比べて、人工システムはハンディが大きいので、少しでもそのハンディをカバーするためには、人工システムにとって、実世界と相互作用しやすい身体が必要です。その身体を駆使することで、検証も容易になるからで

27 — http://devsci.isi.imi.i.u-tokyo.ac.jp

す。

結局、研究は自身で問題を発見し、追求し、究めるしかありません。そのことができていれば恐れることはありません。本章において著者は、ある意味で人工知能批判を展開してきましたが、ロボティクスも、これとは対照的ですが同じ意味で批判対象になっています。分野間の際から問題を見極める眼力を養ってほしいのです。それには、既存の価値観におもねることなく、自身で価値観を創造する力を養うことが必要です。最後は、精神論になってしまいましたが、読者が自身のポテンシャルを引き出す努力を惜しまず、むしろその過程を楽しむくらいになってほしいと願ってやみません。

【謝辞】

本章の内容の一部は、國吉康夫氏（東京大学）、石黒浩氏（大阪大学）、細田耕氏（大阪大学）、乾敏郎氏（京都大学）のＥＲＡＴＯ時代のグループリーダたちとこれまで一緒に、時に辛辣に議論を重ねてきた結果であり、彼らに感謝します。また、現在、進めている科学研究費補助金特別推進研究（２４００００１２）の研究メンバーにも感謝します。

参考文献

［秋本 03］　秋本俊二，鳥と飛行機 (2003)：http://allabout.co.jp/travel/airplane/closeup/CU20030805A

［浅田 04］　浅田稔，認知発達ロボティクスによる赤ちゃん学の試み，『ベビーサイエンス』，Vol.4, pp.2–27 (2004)

［浅田 06］　浅田稔，國吉康夫，『ロボットインテリジェンス』，岩波書店 (2006)

［Asada 09］　Asada, M., Hosoda, K., Kuniyoshi, Y., Ishiguro, H., Inui, T., Yoshikawa, Y., Ogino, M., and Yoshida, C., Cognitive developmental robotics: a survey, *IEEE Transactions on Autonomous Mental Development*, Vol.1, No.1, pp.12–34 (2009)

［浅田 10a］　浅田稔，『ロボットという思想――脳と知能の謎に挑む』，NHK ブックス 1158 (2010)

［浅田 10b］　浅田稔，認知発達ロボティクスによるパラダイムシフトは可能か？，『日本ロボット学会誌』，Vol.28, No.4, pp.7–11 (2010)

［浅田 12］　浅田稔，共創知能を超えて――認知発達ロボティクスよる構成的発達科学の提唱，『人工知能学会誌』，Vol.27, No.1, pp.2–9 (2012)

[浅田 16]　浅田稔，「迫力ある記述で描く未来予測――ロボットとの共生を探る手がかりに」(Book Review『ロボットの脅威』)，『日経サイエンス』，Vol.46, No.2, p.120 (2016)

[綾屋 08]　綾屋紗月，熊谷晋一郎，『発達障害当事者研究――ゆっくりていねいにつながりたい』，医学書院 (2008)

[綾屋 10]　綾屋紗月，熊谷晋一郎，『つながりの作法――同じでもなく違うでもなく』，NHK 出版 (2010)

[Deacon 98]　Deacon, T. W., *The Symbolic Species: The co-evolution of language and the brain*, W. W. Norton & Company (1998)

[フォード 15]　M. フォード 著，松本剛史 訳，『ロボットの脅威――人の仕事がなくなる日』，日本経済新聞出版社 (2015)

[橋本]　橋本敬，構成的手法 34：http://www.kousakusha.com/ks/ks-t/ks-t-3-34.html

[Held 63]　Held, R. and Hein, A., Movement-produced stimulation in the development of visually guided behaviors, *Journal of Comparative and Physiological Psychology*, Vol.56(5), pp.872-876 (1963)

[Ishihara 09]　Ishihara, H., Yoshikawa, Y., Miura, K., and Asada, M., How Caregiver's Anticipation Shapes Infant's Vowel Through Mutual Imitation, *IEEE Transactions on Autonomous Mental Development*, Vol.1, No.4, pp.217-225 (2009)

[石原 11]　石原尚，若狭みゆき，吉川雄一郎，浅田稔，乳児母音発達を誘導する自己鏡映的親行動の構成論的検討，『認知科学』，Vol.18, No.1, pp.100-113 (2011)

[Izhikevich 08]　Izhikevich, E. M. and Edelman, G. M., Large-scale model of mammalian thalamocortical systems, *PNAS*, Vol.105, No.9, pp.3593-3598 (2008)

[人工 05]　人工知能学会 編，『人工知能学事典』，共立出版 (2005)

[Kuhl 91]　Kuhl, P. K., Human adults and human infants show a "perceptual magnet effect" for the prototypes of speech categories, monkeys do not, *Perception & Psychophysics*, Vol.50, pp.93-107 (1991)

[Kuniyoshi 06]　Kuniyoshi, Y. and Sangawa, S., Early motor development from partially ordered neural-body dynamics: experiments with a. cortico-spinal-musculo-sleletal model, *Biological Cybernetics*, Vol.95, pp.589-605 (2006)

[Le 12]　Le, Q., Ranzato, M., Monga, R., Devin, M., Chen, K., Corrado, G., Dean, J., and Ng, A., Building high-level features using large scale unsupervised learning, *Proceeding of the 29th International Conference on Machine Learning*, pp.-(2012)

[森裕 09]　森裕紀，国吉康夫，胎児・新生児の全身筋骨格・神経系シミュレーションによる認知運動発達研究，『心理学評論』，Vol.52, No.1, pp.20-34 (2009)

[Pfeifer 06]　Pfeifer, R. and Bongard, J. C., *How the Body Shapes the Way We Think: A New View of Intelligence*, MIT press (2006)

[Purves 12]　Purves, D., Augustine, G. A., Fitzpatrick, D., Hall,W. C., LaMantia, A.-S., McNamara, J. O., and White, L. E. (eds.), *Neuroscience* (fifth edition), Sinauer Associates, Inc. (2012)

[レイクル 10]　M. E. レイクル，浮かび上がる脳の陰の活動，『日経サイエンス』，Vol.40, No.6, pp.34-41 (2010)

[リゾラッティ 09]　G. リゾラッティ，C. シニガリア 著，茂木健一郎 監修，柴田裕之 訳，『ミラーニューロン』，紀伊国屋書店 (2009)

[Scott 99]　Scott, P., *The Pioneers of Flight*, Princeton University Press (1999)

コンピュータ将棋やロボカップ（ロボットによるサッカー）など、ゲームを題材としたアプローチを得意とした公立はこだて未来大学の松原仁先生は、SF作家・星新一のショートショート全編を分析、人工知能で新作ショートショートを創作しようという「きまぐれ人工知能プロジェクト作家ですのよ」も率いています〔**問い13**〕。

五感を含めて人間と区別がつかないのが理想という松原先生が人工知能のシンボルとして挙げるのは浦沢直樹版鉄腕アトム〔**問い1**〕。人間の知能は種の保存のために獲得された能力で、どんな状況に対しても、死なない程度（一〇〇点満点の六〇点くらい）に対応できる汎用性こそ知能の本質だとしています〔**問い5**〕。その意味で、ロボットを作るほうが人工知能は実現しやすいし、一部の研究者においてロボティクスへの意識が低くなっていることを嘆きながらも、シミュレーション技術の進歩でコンピュータの中に人工知能を実現するのも不可能ではないと述べています〔**問い6**〕。

最近の人工知能研究は、物理学や数学に依存しすぎてタコツボ化し面白くなくなった〔**問い4**〕、知能の実現という本質から外れ、ガラパゴス化しているのはむしろ欧米ではないか〔**問い6**〕、という指摘にうならされます。最も難しくて最も意味があるとされる五歳くらいの子どもの遊びを再現するシステム作りが求められています〔**問い9**〕。

「風の又三郎」テストに合格すること

松原 仁

問い1　人工知能とは何ですか?

答え1　究極には人間と区別がつかない人工的な知能のことです。

人間と区別がつかないということは、狭い意味でのチューリングテスト[1]に合格することではありません。普通につき合っている関係で、人間でないとは気がつかない人工知的な存在（ロボット）ができることを意味しています。例えば転校生がクラスに来て3か月とか半年とか経過して、先生やクラスメートはみなそれが人間だと信じてきたけれど、実はそれが人工物（ロボット）であることがカミングアウトされてみなが驚くという状況を想定しています。著者はこれを「風の又三郎[2]」テストと呼んでいます。食事や排泄などの生理的な部分まで完璧にまねすることは大変で、なおかつ意味があまりないと思われるので、生理的な部分はごまかせる程度でよしとしたいと思います。ちなみに、人工的な存在を実現するものは、コンピュータやロボットでなくてもかまいません。いまの人工知能はコンピュータとロボットに限定されていますが、将来は有機の人工物で実現されるかもしれません。

著者の個人的な表現で言うと、「鉄腕アトム」が人工知能のシンボルになります。手塚治虫の鉄腕アトムは見かけでロボットとわかる形状をしていますが、浦沢直樹がリメイクした鉄腕アトムは人間と区別がつきません。浦沢直樹のリメイク版鉄腕アトム[3]が著者の言うところの人工知能に相当します（浦沢直樹の鉄腕アトムをご覧になっていない方は、彼の『PLUTO』第一巻をぜひご覧ください）。

人工的な知能は物理的な実体でなく、コンピュータの中の存在でもいいという立場もあると思います。著者は人間が五感を含めて相手と応対して人間か人工物か区別できないという点にこだわりたいのです。チューリングテストなどはインタフェースのチャネルが細すぎます。すなわち、キーボードから

1―チューリングテストとはチューリング（A. Turing）が提唱した知能の定義で、別室の人間ないしはコンピュータと、ある時間、人間がチャットで対話をして、相手がコンピュータなのに人間だと判断を間違ったら、その相手をしたコンピュータは人間並みの知能を持つと見なすというものです。

2―宮沢賢治『風の又三郎』。

3―浦沢直樹『PLUTO』は手塚治虫の『鉄腕アトム』を原作としてリメイクした漫画です。単行本の第一巻の最後に浦沢直樹が描いた鉄腕アトムが初登場します。

文字を打ち込んでこちらの意志を伝え、相手の意図はディスプレイ上に文字として表示されるというのは、五感のうちのごく一部しか使っていません。また人間とは全く異なる人工の知能も存在の可能性はあると思います。例えばソラリス[4]がそうです。その知能と人間とはまともにコミュニケーションできないと思うので、ここでの議論からは除外することとします。

問い2　人工知能研究とは何ですか？

答え2　人工知能を実現しようという試みを通じて知能を構成的に理解することです。

これは人工知能研究者として標準的な回答だと著者は思っています。中島秀之氏の言う（説明原理ではなく）動作原理を追求することです。風の又三郎あるいは鉄腕アトムを作る過程を通じて人間の知能はどうすればできるのか（人間の知能はどのようにしてできてきたのか）を、ほぼ同じものを作ることができる程度に理解することを目指しているのが人工知能の研究です。

人工知能を実現することが研究の直接の目的ではないことには意味があります。人工知能は簡単には実現できません。チェスや将棋で名人に勝っても、クイズで世界チャンピオンに勝っても、それは知能のごく一部の個別の問題で人間に追いつき追い越したにすぎません。人間の知能が持つ汎用性は実現できていないのです。後で述べるように、知能で一番重要なのは汎用性です。汎用性を有する人工物はまだしばらくは実現できないと思います。これまでの人工知能の研究は失敗を繰り返した歴史であり、これからしばらくの間も失敗を繰り返すと予想されます。偉大な失敗（こうやっても汎用の人工知能は実現しないとわかること）こそが人工知能の研究であり続けます。チェスも将棋も偉大な失敗の例です。

問い3　ＩＡの研究は人工知能の研究ですか？

答え3　情報処理の研究ではありますが人工知能の研究ではありません。

ＩＡ（intelligence amplifier）[5]を作る過程を通じて人工知能の実現（人間を助ける補助ではなく自律的

4 — Ｓ・レム（S. Lem）『ソラリス』というＳＦの名作に知能を持った星が登場します。ともに知能を持っていたとしても、人間と星がコミュニケーションをするのは難しいと思われます。

5 — intelligence amplifier とは人間の知能を補って強化するシステムのことです。例えば電子辞書がこれに相当します。

に働く知能の実現）を目指すのであれば人工知能の研究と言えますが、役に立つＩＡを作ること自体が目的であるならば、それは工学的に意義はありますが人工知能の研究ではないと思います。著者の考える人工知能の研究には、役に立つ道具を作るという目的は含まれません。それは情報処理の研究でしょう（人工知能と情報処理のどちらが上でどちらが下だと言うつもりはまったくありませんが、役に立つ道具を作ることまで人工知能研究に含めると、あまりに範囲が広がりすぎると認識しています）。人工知能の研究をしている過程で副産物として役に立つ道具ができることは十分にあり得ます。

問い４　脳科学の研究が進めば人工知能研究は不要になるのではありませんか?

答え４　いいえ。

最近の脳科学の進歩は目覚ましく、多くの知見が得られています。人工知能研究はそれらの知見を生かして進めていくことが期待されますが、それは人工知能が今後、脳科学に取って代わられるのとは異なります。脳科学はあくまで分析的に知能を理解することが目的（の一部）であって、人工知能のように構成的に知能を理解することとは異なります。分析的に理解することと構成的に理解することの違いは、前者はいわば十分条件を求めているのであり、後者は必要十分条件を求めているということです。今後さらに脳科学が進歩していったとしても、人工知能研究の意義はなくならないと思います。人工知能研究の意義がなくなるとすれば、それは人工知能が実現されたときです。

ついでに言えば、一部の人工知能の研究がタコツボ化して面白くなくなってきているのは数学あるいは物理学に対する過度な依存の影響があると思っています。人工知能が知能という未定義の概念を目標としたあやしいものなので、人工知能をまっとうなものにするためについつい既存の権威にすがってしまいがちなのです。そうすると一見、完成度は上がったように見えるかもしれませんが、人工知能の実現という大目標からは離れてしまいがちです。定式化したりグラフを描いたりするのはあくまで手段にすぎないのであって、それらが目的化してしまってはならないのです。

問い5　知能とは何ですか？

答え5　未知の状況に対して（死なない程度に）適切に対応する能力のことです。

進化論によれば、人間は種の保存のために知能という能力を獲得してきたと考えられます。その人間が地球上で（少なくとも今現在は）最も高度な知能を持って生物の頂点に君臨できているのは、人間が持っている未知の状況に対する対応能力のおかげです。そのおかげで幾多の困難を乗り越えて種として保存され、個としても生き延びてきました。チェスや将棋で、未知の局面で次の良い指し手を求めるのも同様ですが、ゲームでは可能な合法手が離散的で、数も有限で限定的です。人生においては無限の連続的な選択肢の中から適切なものを選ばなくてはならないので、ゲームよりはるかに難しいのです。もっともチェスや将棋は一〇〇点ないしは一〇〇点に近い手を指すことが求められますが、人生は死なない程度に六〇点以上の点を取り続けることが求められるという違いがあります。

知能の具体的な中身については他の章で述べられているので、本章では触れないことにします。

問い6　知能にとって本質は何ですか？

答え6　どのような状況に対してもそれなりに対応できる汎用性です。

未知の状況とは、あらかじめ予想がつかないということです。そのすべてにうまく対応するのは不可能ですが、多くの場合にある程度（繰り返しになりますが死なない程度に）対応する能力が知能なので、知能の最も重要な要素は汎用性です。溝口理一郎氏および堀浩一氏が言及している「分散認知」、「環境とのインタラクション」、「シンボルグラウンディング（記号接地：symbol grounding）」、「身体性やインタラクション」などは著者としては汎用性という本質に迫るための最近の人工知能研究の道具立て、あるいは切り口と見なしています。例えば、実際にロボットを作るほうが人工知能は実現しやすいと信じていますが、シミュレーション技術がさらに進歩すればコンピュータの中に人工知能を実現することも理屈としては不可能ではないと考えています。

浅田稔氏がＩＪＣＡＩに日本の参加者が非常に少ないことを嘆いていますが、著者も最近はＩＪＣＡＩに参加していません。それは著者にとって参加する意義が薄れてしまっているからです。正直に言って、そもそも論文を投稿しようという気にもならなくなってしまっています。聴いていて面白い発表、あるいは読んでいて面白い論文が極端に少なくなってしまいました。これは著者が年を取って感受性が鈍くなったという側面も否定できませんが、人工知能の研究領域が細分されすぎてしまって他の領域の研究者には意味が理解できない発表が増えてしまったことに主な原因があると思います（著者のまわりの若い人工知能研究者もみなＩＪＣＡＩは面白くなってきたと言っているので、著者だけの感想ではないようです）。人工知能の初期の頃はあやしいけれど夢のある発表がＩＪＣＡＩでもよくあったのですが、人工知能という研究領域が成熟していくにしたがって細分化され洗練されていって、完成度は高いかもしれないが夢が感じられず何が面白いかわからない発表が増えていきました（悪く言えばタコツボ化してしまいました）。それでＩＪＣＡＩなど全般的な会議を敬遠するようになってしまったのです。この質問の文脈で言えば、ＩＪＣＡＩが知能の本質を追求する学会ではなくなったと見なされているということだと思います。知能の研究者は機械学習とかエージェントとか、それぞれの研究領域の国際会議に参加して発表する傾向が顕著になっています。

浅田稔氏が指摘したように、人工的な知能を実現する上で人工知能とロボティクスの連携は非常に重要です。著者も人工知能研究を（非公式に将棋のプログラムを同時期に書いていたものの）ロボットのビジョンの研究から始めたので、一部の人工知能研究者においてパターン認識とロボティクスへの意識が低くなっていることは残念に感じています。意識が低い人たちはいわば、「きれいごと」に終始しているのだと思います。知能は少数の公理で説明できるようなものではありません。情報は常にノイズを含んでいます。人工知能研究を目指す人には、一度はパターン認識を扱ってロボットに触ってみることを強く勧めます。知能とはきれいごとではすまないことを実感してから先に進んでほしいと願っているからです。

日本の人工知能学会の全国大会は全般的な会議ではありますが、おかげさまで数多くの参加者を得ています。同じ全般的な会議でＩＪＣＡＩと異なるのはなぜかを考えることには意味があるでしょう。日本の人工知能研究がガラパゴス化して世界の潮流から乖離《かいり》しているという見方もあるかもしれません。確かに、日本での流行がアメリカやヨーロッパの流行と異なってきています。それは従来の欧米追従をやめたということでむしろ望ましいと思います。ガラパゴス化したままで終わるのか、日本発の研究が世界を変えることができるのか、それこそ我々の今後にかかっています。ガラパゴス化と言えば最近は欧米のほうにそれが目立つような気がします。例えば非単調論理の一部の研究は欧米でとても盛んでしたが、知能の人工的な実現にはほとんど何も貢献しません（例えば狭い意味でのフレーム問題が解けたという研究がありましたが、この研究は知能とは無関係です）。あれらは人工知能の研究ではなく、数学の研究です。それにもかかわらず完成度が高いためかＩＪＣＡＩや『*AI journal*』にその関係の論文がいくつも出ているので、聴く気も読む気もなくなってしまうのです（採録率があまりに厳しくなってしまったことによる悪影響でしょう）。幸い、今の人工知能学会全国大会のオーガナイズドセッションは、たとえあやしくて完成度が低くても（もちろんまっとうで完成度が高いものもありますが）人工知能の未来を感じさせるものが多いのです。ぜひ、この傾向が続いてほしいと思っています。また、近い将来にＩＪＣＡＩもまた広い範囲の研究者が集まるようになってほしいと思っています。

問い7　フレーム問題は人工知能に解けるのですか?

答え7　人間が解いているとすれば解けます。人間が解いていないとすれば、解かなくても人工知能は実現できるはずです。

コンピュータに個別の問題、例えばコンピュータ将棋を指せているときにはフレーム問題は生じません（いわばプログラマがフレーム問題を回避させているのです）が、汎用性を持たせようとすると直面します。我々はマッカーシー[6]とヘイズ[7]らの狭い意味[McCarthy 69]（記述の爆発）と区別して広い意味で一般化フレーム問題と名づけました[松原 89]が、一般化フレーム問題は直面してしまうと人間にも解けません。フレーム問題は人工知能すなわちコンピュータやロボットだけの問題で、人間にはフレーム

6 — J. McCarthy
7 — P. Hayes

問題は存在しないという批判を心理学者や哲学者から受けますが、著者としては彼らが人間には存在しないという言い方を好むのであればそれはそれでかまいません。しかし知能を構成的に実現しようとすると、一般化フレーム問題をどこかで回避しなくてはいけないという意味で、一般化フレーム問題の存在が明らかになったのは人工知能研究の知能に対する大きな成果なのだと思っています。哲学や心理学はずっと人間あるいは動物の知能だけを対象としてきた（進化的にうまくいくようになった知能だけを見てきた）ので、うまく働かない知能に目が届かなかったのだと思います。著者が二五年ほど前に一般化フレーム問題を提唱してきたときからフレーム問題にまつわる状況はほとんど変化がありません。

ちなみに子どものロボットをうまく作って実世界で育てれば一般化フレーム問題をほとんどの場合に回避できる（あるいはフレーム問題が存在しない）ロボットに成長できると考えています。今はまだ子どものロボットがうまく作れませんが、将来は可能と楽観しています。最近になって注目されているディープラーニング（深層学習：deep learning）が一般化フレーム問題の「解決」に貢献してくれるかもしれません。

問い8　記号接地問題は人工知能に解けるのですか？
答え8　解けます。

「記号接地問題（シンボルグラウンディング問題）」（symbol grounding problem）［Harnad 90］はフレーム問題と並んで人工知能の難問として取り上げられることが多いです。今は例えば「りんご」という記号と「りんご」の実体が人間のようにコンピュータは接地できていないという指摘はそのとおりで、そのためにリンゴに対してコンピュータは人間のような適切な対応ができていないのです。

今のコンピュータに記号接地問題が解けないのは、コンピュータが「りんご」を「体験」できていないからです。（一般化）フレーム問題のように子どものロボットを作って（人間の子どものように）「りんご」の「体験」を積ませればそのロボットはそのロボットなりに（おそらく人間とはかなり異なった形で）「りんご」という記号と「りんご」という実態を接地できるはずです。

問い9　コンピュータ将棋のような個別の問題を扱っていて汎用性につながるのですか?

答え9　いきなり汎用性を得るのは難しいので研究の方法論として個別の問題を潰しているつもりです。

ミンスキー[8]は個別の問題ばかり解こうとしている傾向を一貫して批判しています。人工知能のパイオニアの研究者はみな一度はコンピュータチェスを研究していますが、ミンスキーだけはコンピュータチェスなどやっていてもだめだと言って手をつけませんでした。著者が最も尊敬している人工知能研究者は（ずっと相変わらずに）ミンスキーです[9]。ミンスキーは人工知能研究で最も難しくて最も意味があるのは五歳ぐらいの子どもの遊びを再現できるシステムを作ることだと言い続けています。

五歳ぐらいの子どもの遊びを再現するのが最も難しくて最も意味があるというのには賛成です。それが知能の汎用性という本質に関わっているからです。しかし、ミンスキーと著者はそれを実現するための方法論が（僭越《せんえつ》ながら）異なるのです。最も難しい目標を一気に達成するのは当然ながら非常に難しいです。ミンスキーも多くの優れたアイデアを提供していますが、最も難しい目標を達成できてはいません。これからもそう簡単には、ミンスキー以外の研究者も達成できないと思われます。

異なる方法論というのは、個別の問題に取り組んでひとつひとつ潰していくという地道なものです。それをできる人間は、それなりの知能を持っていると思える個別の問題をコンピュータで解いていきます。チェスの世界チャンピオンに勝つという問題がそうであり（一九九七年に達成しました）、クイズ番組「ジョパディ」のチャンピオンに勝つという問題がそうであり（二〇一一年に達成しました）、将棋の名人に勝つという問題がそうであり（もう事実上、達成されました）、東大入試の合格点を取る（二〇二一年を目指しています）という問題がそうなのです。個別の問題を潰す取り組みの過程を通じて、知能について何らかの知見を積み重ねていくことで汎用性という知能の本質に迫ることができるのではないかと期待しているのです。また、コンピュータ将棋がそうなるかどうかはわかりませんが、個

8 — M. Minsky

9 — 残念なことに本書の校正中の二〇一六年一月に亡くなりました。

別の研究から人工知能全体のブレークスルーが生じる可能性があります。具体的な例題を解くという方法論はそう捨てたものではないと思います。この期待がうまくいくかどうかは、今の時点ではわかりません。人工知能が実現できたときになって初めてわかることです。

問い10　コンピュータは心を持てるのですか?
答え10　持てます。
問い11　コンピュータは意識を持てるのですか?
答え11　持てます。

これらの問いに対する著者の回答は長尾真氏のものに近いです。哲学者や心理学者の中には「コンピュータが心を持っている」ことと「コンピュータがあたかも心を持っているように見える」ことを区別したがる人たちがいますが、これらは決して区別できないという立場を取ります。あえて心や意識を定義するとすれば、堀浩一氏が述べているように下位の要素の間の相互関係の総体であると思います。

よく言われるように人間同士でも他人が心を持っていること、意識を持っていることを証明することはできません。他人も（自分と同じような）心や意識を持っていると見なしてやり取りをすることが自分にとって便利なのでそうしているにすぎないと考えます。そのことと同様にこのロボットに心がある、あるいは意識があると見なしてやり取りすることが人間にとって便利ということになれば、それはそのロボットが心あるいは意識を持っているのです。

ロボットがある程度以上に汎用性を持って複雑な挙動を示すようになれば、そのロボットを理解したり行動を予測したりするのに心や意識の存在を仮定したほうが便利になるはずです。そういうロボットは実現すると確信しています（いまはできていないが、将来にわたってできないという理由が存在しないからです）。

問い12　コンピュータは創造性を持てるのですか？

答え12　持てます。

本書で堀浩一氏が書いているように、特に「創造性」という特殊な能力は人間（だけ）に備わっているのではありません。「創造性」は人間の知能の働きをある側面から見た概念にすぎません。創造性が新しいものを発想することであるならば、ずっと前からコンピュータは創造性を有しています。問題なのは発想した新しいもののほとんどが的外れで使い物にならなかったということです。

例えば、コンピュータ将棋を取り上げてみましょう。コンピュータ将棋はもっぱらプロ棋士の棋譜から機械学習によって評価関数を作っています。教師データがプロ棋士の過去の棋譜ということは、できた評価関数は過去を反映したものにすぎません。しかし最近のコンピュータ将棋は未知の局面（学習データにはなかった局面）でプロ棋士が高く評価する新手を「創造」しています。例えば、第二回電王戦でコンピュータ将棋のＧＰＳ将棋が三浦弘行八段（当時）相手にある局面で初めて指した「８四銀」はその後、プロ棋士の間での定跡となりました。あるいは、二〇一三年の名人戦で羽生善治三冠（当時）相手に森内俊之名人（当時）が指した「３七銀」は、コンピュータ将棋のポナンザ（ponanza）が指した手を森内名人が偶然知っていわばまねをしたものです。コンピュータ将棋は明らかに新手を創造しているのです。

パズルは制約条件が厳しいので、それだけコンピュータにとって新しい作品を創造しやすくなっています。数独（ナンバープレイス）の新しい問題はコンピュータがかなりの数を創作しています。著者は以前、詰将棋の創作の研究に従事していましたが、一定水準以上の作品ができるようになっています。

パズル以外の領域でも今後はコンピュータによる創造が少しずつ実現していくものと思われます。創造性というのは決して神秘的な能力ではないのです。

問い13　コンピュータにショートショートを自動創作させることができればコンピ

ュータが創造性を持ったことになるのですか？

答え13　個別の問題を潰すという作戦の一つですが、一般の人に対して象徴的な良い例になると期待しています。

著者が三〇年以上ずっと手がけてきたコンピュータ将棋の目標達成（名人に勝つこと）が時間の問題になったので、それに代わる研究テーマとしてコンピュータにショートショートを自動創作させるというプロジェクトを開始しました。ショートショートに厳密な定義はありませんが、原稿用紙二〇枚以内（八〇〇〇字以内）程度と言われています。ショートショートの第一人者は星新一で、彼は生涯に一〇〇〇作以上のショートショートを書いています。著作権者の協力が得られて彼の作品の電子データを扱うこともできるようになったので、それを教師データとして星新一のようなショートショートをコンピュータに創作させることを目指しています。

コンピュータにとって小説の創作は、パズルなどに比べて難しいです。制約条件が緩いので候補作品が絞り込みにくいのです。しかし、ある水準のショートショートを創作できるものと期待しています。その過程で人間がどのようにショートショートを創作しているかの知見も得られるとうれしいです。

コンピュータにショートショートが作れたからといって、人間の持つ汎用の創造性に比べると個別の問題を解いているにすぎません。しかし、小説の創作は人間にとっても特別な能力と見なされているので、コンピュータにそれができるということになれば、人工知能の象徴としてかなりのインパクトがあると考えています。

問い14　人工知能は実現できるのですか？

答え14　できます。

技術的にできない理由が存在しません。自分の生きているうちには実現できなくても、そう遠くない将来に実現できると確信しています。だからこそ人工知能の研究をしているのです。

ゲームの例が多くて恐縮ですが、コンピュータチェスの研究が始まってしばらくの間は、絶対に永久にコンピュータは名人に勝てないと言われていました。人工知能批判の哲学者のドレフュス[10]が言っていたのは有名です（彼は「コンピュータは自分にも勝てない」と言いすぎてしまって、公開対局で当時の弱いコンピュータチェスに負けて大恥をかきました）が、当時はそういう人が多数派でした。一九九七年に世界チャンピオンのカスパロフ[11]がコンピュータチェスのディープブルー（Deep Blue）に負けると彼らは一転して「チェスは人工的なゲームでルールが明確なのでコンピュータが勝つのは当然だ。チェスは単純な問題だったのだ。チェスで人間に勝ってもコンピュータが知能を持ったことにはならない」と言っています。チェスで勝ったからといってコンピュータが人間並みの知能を持ったことにはならないのはそのとおりですが、発言がぶれるのは〝みっともいい〟ことではありません。

将棋も同様です。三〇年前のコンピュータ将棋はとても弱かったので、多くの人が永久にプロ棋士には勝てないと言っていました。最近強くなってきてプロ棋士といい勝負をするようになると、プロ棋士側は大慌てです。時期を逸しないためには、もう名人とコンピュータ将棋の対戦を実現するしかない（それを過ぎるとコンピュータが圧勝して勝負にならなくなる）のですが、時期を逸してしまうことになりそうです。

これまで到底できないと言われていた個別の問題が解決されています。最終目標である（汎用の）人工知能の実現もできないと考える理由が存在しません。

あることが人工知能でできるようになると、それは大したことではなかったと言い出すことを「人工知能効果」と呼ぶそうです。これは人間しかできないと思われていたこと（例えば道具を使うこと）を他の動物ができるとわかったときに見られる効果（そのことは人間にとって大したことではなかったと言い出すこと）をコンピュータにも適用したものです。人間の尊厳を保ちたいという意識から来るものでしょう。確かに将棋はルールが限定されていて実世界からは程遠いので、将棋に強いことなど大したことではないという言明を最近よく聞くようになってきました。コンピュータに対するいわば「負け惜しみ」です。人工知能の発展によって一般の知能に対する考え方が変わってきたのです。当然ながら、

10 — H. Dreyfus

11 — G. Kasparov

たとえコンピュータ将棋に負けるようになったとしても人間の将棋の強い人すなわちプロ棋士の価値は変わりません。四則演算がコンピュータのほうが速くて正確でも人間の価値が変わらないのと同じです。

問い15　人工知能研究は今後どういう方向に進むべきですか？

答え15　個別の研究はある程度進んできたので、そろそろいったんは汎用性を追求すべきでしょう。汎用人工知能（artificial general intelligence）は人工知能研究がもともと目指していたものだと思います。

すでに述べたように、最終的には汎用な人工知能を実現することを目指しながら、今は多くの研究が個別の問題を対象としています。それは方法論として妥当と考えていますが、ずっと個別の問題にこだわっていると汎用性という本質を見失ってしまう危険があります。「分散」か「統合」かと言えば、個別の問題は分散に相当するので、ときどきそれらの統合を試みて汎用性を検討するのがよいと思います。

とはいえ、今、統合してもすぐに汎用の人工知能が実現できるとは思っていません。統合の試みはまず失敗します。それでもときどき統合を試みて、その時点で何ができていて何ができていないかを問うことが重要です。

最近になって汎用人工知能というものが取り沙汰されるようになってきました。これは、今の人工知能研究が個別の問題ばかりを対象にしている現状に対して汎用性を目指す試みと見なすことができます。人工知能の研究も最初の頃は一般的な枠組みを志向するものが多かったのです。ニューウェル[12]とサイモン[13]のＧＰＳ（general problem solver）[Newell 72]やミンスキーのフレーム理論[Minsky 75]などが代表的です。知能の本質は汎用性にあるので一般的な枠組みを志向するのは当然ですが、いきなり一般的な枠組みを構築しても解くことが期待されている個別の問題は解けないので、その後の人工知能研究は直接個別の問題の解決を目指す方向に進んだのです。もともとの原点への回帰をしようとしているのが

12 — A. Newell
13 — H. Simon

汎用人工知能だと思います。

問い16　人工知能の研究が進みすぎると問題が生じるのですか？

答え16　問題が生じる可能性はあるので人工知能研究者には技術的な指針を示す責任があります。

西田豊明氏と堀浩一氏が言及しているように、人工知能が人間を凌駕することがそろそろ視野に入ってきています。凌駕すると人間には人工知能を制御することが難しくなることが考えられます。カーツワイル[14]は凌駕することを「技術的特異点（テクノロジカルシンギュラリティ）」（technological singularity）と呼び、技術的特異点が来る時期を二〇四五年と予想しています（「二〇四五年問題」と呼ばれています）。

それが二〇四五年なのかどうかはともかくとして、それほど遠くない将来に凌駕する時期が来る（「超知能」ができる）と考えられます。人工知能の実現を妨げる理由がないのと同様に、技術的特異点が訪れることを否定する理由は存在しません。そのときの「超知能」が著者の言う「人工知能の実現」に相当するのかは現時点ではわかりません（直観としては異なるものとなるような気がしています）。ともあれ「超知能」と人間がどうつき合っていくか、今のうちからよく考えておく必要があると思います。

すでに指摘されているように、「超知能」は複雑系（人間の脳よりも複雑）なので、その挙動を正確に予測したり制御したりするのは不可能です。「超知能」は人間をそれまで以上に幸福にしてくれるかもしれませんが、不幸のどん底にたたき落とすかもしれません（そういう能力を有しているのです）。最新の科学技術のほとんどがそうであるように、悪い目的に使われるとひどいことになります。人工知能も我々研究者が望もうと望まざるとにかかわらず、そういう段階に来たことをよく認識する必要があります。

西欧のＳＦでは「超知能」は必ずといっていいほど人間に対して敵対します。それは、これまで人間

14 — R. Kurzweil

だけが他と区別された特別な存在とされてきたことに対する裏返しだと思います。ボスとして君臨してきたので、ボスの座を他に奪われると大変なのです。日本では人間と他の存在は連続的であって明確に区別されたものではありません。大げさに言えば「超知能」の時代に人間と「超知能」が共存するのに必要なのはこの日本的な考え方です。我々、人工知能研究者は、（このままいけば）遠くない将来に技術的特異点が訪れる可能性が高いことを世の中に伝えて、社会的に「超知能」を作るべきなのか、作るとすればどのように作るのが望ましいか（堀浩一氏が述べているように完全には制御できないにしてもある程度制御しやすい構造にすることは十分に可能です）という議論を始めないといけません。人工知能学会でも倫理委員会を作ってこのテーマの議論をしています。

参考文献

［Harnad 90］　Harnad, S., The symbol grounding problem, *Physica D*, Vol.42, pp.335–346 (1990)

［松原 89］　松原仁，橋田浩一，情報の部分性とフレーム問題の解決不能性，『人工知能学会誌』，Vol.4, No.6, pp.695–703 (1989)

［McCarthy 69］　McCarthy, J. and Hayes, P.J., Some philosophical problems from the standpoint of artificial intelligence, *Machine Intelligence*, Vol.4, pp.463–502 (1969)

［Minsky 75］　Minsky, M., A framework for representing knowledge, *The Psychology of Computer Vision* (Winston, P.H. (Ed.)), McGraw–Hill (1975)

［Newell 72］　Newell, A., Simon, H. A., *Human Problem Solving*, Prentice Hall (1972)

国立情報学研究所の武田英明先生は、ウェブにおける知能をテーマに研究しています。ウェブページにメタデータを付与して意味を扱えるようにするセマンティックウェブや知識共有の研究をする一方、集合知の研究としてニコニコ動画で初音ミクがいかに浸透していったかというテーマで論文を発表したりしています。

武田先生は知能を生物としての知能と、社会的な営みに必要な知能に分けて考えます［**問い2**］。前者はロボット研究との関係で進展、後者については人工知能研究の初期から視野に入っていたものの、エキスパートシステムの失敗とともにいったん挫折、それが復活したのはウェブの登場がきっかけです。社会的知能を研究する対象を手に入れたのです。

グーグル検索は「記憶」だけ突出した社会的人工知能であり、ワトソンは「応答」能力を併せ持つ社会的人工知能と言えます［**問い5**］。ウェブそのものは社会的人工知能とは言えないものの、そこからさまざまな知能が引き出せます［**問い10**］。

人智を超えるスーパー知能を「個」としての人間の知能を超える知能と定義するなら、社会的人工知能はそれ自身スーパー知能です［**問い14**］。グーグル検索やナビシステムは、コンピュータ登場以前と比べれば十分にスーパー知能で、それによって我々の生活は変わりました。技術的特異点を境に一気にすべてが変わるというよりも、さまざまな面でこうした変化が順次起きていくのではないかというのが武田先生の見立てです。

社会的知能としての人工知能

武田　英明

まえがき

本書ではすでに「人工知能とは」という一つの問いに対して七個の答えが示されています。これまでの著者の説明の中にたいていの疑問に対する答えはすでに用意されていると思います。私にとっても改めて勉強させられることが多々ありました。しかし、私から見ると一つ足りない視点があります。それは個の知能ではなく、集まりとしての知能という視点です。確かに自然の知能は個々の生物が宿すものであるという点では、知能は個別に存在すると言えます。そしてその知能は生物の存在に依存する、すなわち身体性に立脚するということは言えるでしょう。しかし、高等生物は社会性があると言われます。ことに人間の知能の多くは社会において発揮されています。これも人工知能が実現すべき知能の一つでしょう。

本章では「人工知能が目指すべき知能」といった共通の質問からスタートして、単独の存在ではなく、集まりとしての人工知能へ向けて、議論をしていきます。そうしていくうちに知識の問題が見えてきます。

人工知能が目指す知能とは

問い1　人工知能とは何ですか？

中島の答え1　人工的に作られた、知能を持つ実体です。

堀氏が指摘するように、この答えには（ほかの人の答えにも）「知能」が含まれています。ではここで言う知能とは何でしょうか。実は、この文章の中の「知能」はあくまで人工知能という研究分野における「知能」であり、その背景なしの一般的な意味での「知能」ではありません。[1]

人工知能という概念（分野）はコンピュータサイエンスの歴史の中でも比較的古参であり、その中で「知能」は定義され、またその定義は変遷してきています。

人工知能という研究分野は一九五六年のダートマス大学での会議で明示的に現れました。世界初の汎用電子式コンピュータと言われるエニアック（ENIAC）が一九四六年稼働であることから考えても、コンピュータサイエンスの草創期から存在していることがわかります。当然、当時の貧弱な計算パワーではできることが限られていたわけで、それでも人工知能という分野が作られたのは、ある意味、コンピュータにかける人々の期待と見ることができます。ちなみに一九六四年のＡＣＭ[2]の分類にはすでに応用の一つとして人工知能は位置づけられています。[3]

さて、初期の人工知能のターゲットとされた分野は定理証明、ゲーム、探索であり、さらにはコンピュータビジョン、自然言語などが続きました。つまり、ここでの「知能」は定理証明をする能力であったり、ゲームをする能力であったり、探索する能力であるということです。確かに定理を証明したり、ゲームをプレイするのはいかにも人間の知能の発露です。それをコンピュータで実現すれば、「人工」の「知能」になるというのもわからないわけではありません。

しかし、これらは人間が持つ知能一般から見るとかなり特殊な能力です。

なぜ、このようなものがターゲットになったのでしょうか。それは当時のコンピュータにおいてもきっと可能であり、かつ人間の知能の働きらしいものを選んだということでしょう。

コンピュータサイエンス（計算機科学）はサイエンスと名前がついていますが、いわゆる物理学とか生物学といったサイエンスとは違って、純粋な自然世界の探求ではありません。コンピュータという人工物を前提とした探求です。その人工物のありさまは時代時代の技術水準によって変わってきます。この点ではコンピュータサイエンスはサイエンスと工学の中間的性格を持っています。それゆえ、コンピ

1 ― これを明示化するために浅田氏は「自然知能」という普通に考えれば不思議な名称を導入しています。浅田氏の言う自然知能がここで言う普通の知能のことです。

2 ― ＡＣＭ（Association for Computing Machinery）はアメリカを本拠とするコンピュータサイエンスの学会。一九四七年に創設され、コンピュータサイエンスの学会としては最大の規模を誇っています。

3 ― 一九六四年の分類（http://www.acm.org/about/class/1964）。一九九一年の分類では計算方法論の一分野になっています（以降は同じです）。

8

ュータサイエンスの多くの分野でプラグマティズム的立場、すなわち実現可能性のあるところを研究するわけです。ただ、コンピュータサイエンスの他の分野と異なり「知能」などという抽象的あるいは哲学的用語を入れてしまっただけに、混乱を招いてしまったと言えます。このような歴史的経緯を踏まえると先の答えはこう書き換えることができます。

問い2　人工知能における知能とは何ですか?
答え2　コンピュータによって実現の見込みがありそうな人間の知能の一部です。

この見込みのありそうな知能はコンピュータ技術の発展によって、どんどん変わっていきます。技術の発展という動き続ける白波の波頭が人工知能の研究分野と言ってもいいと思います。[4]

ただ、これで知能に関する議論を終えては、はぐらかされたようで不満が残るでしょう。人工知能の視点からの知能をもう少し深く見ていきたいと思います。

最初に設定された人工知能のトピックスは単に人間の知能の特殊な部分というだけでなく、知能のレベルという視点から見ると中途半端なものであるという点も興味深いところです。つまり、発明をしたり小説を書いたりする創造性豊かな能力より低く、かといって単にものが数えられるかといった原始的な能力よりは高いといった知能です。

人間の知能は重層的になっていると考えられています。浅田氏の議論で詳細に説明されているとおり、人間の知能というものは生物としての知能の上に成り立っています。一方、ほかの生物と異なり、人間は高度な社会を形成して、その中で生きています。人間には、このような社会を作り、そしてこの社会の中に生きる知能というものが存在します。

この視点から見ると、どちらかと言えば初期のトピックスは社会に生きるために必要とされる知能のほうです。ゲームをする能力とはルールに基づいてある設定された目的に向かうという能力であり、社会で生活する上で重要な能力の一つです。コンピュータビジョンも初期のトピックスは積み木といった人工的なオブジェクトの認識でした。つまり、初期の人工知能研究が目指していたものは人間の知能の

4 ― このような傾向は学会にも現れています。日本で人工知能を対象とする学会は人工知能学会ですが、この学会の全国大会は毎年のように多様な分野を自然に受け入れています。

うち、社会的な営みをするのに必要な知能の実現であったと言えます。

もっとも、人工知能の原点がここであっても、人工知能の研究はそこから技術発展に応じていろいろ対象が変化していきます。その一つの方向が、この社会における知能の実現を目指していったもので、人工知能における知識の研究に発展していきます。

このように考えていくと、溝口氏が以下のように知能を定義したのは、人工知能研究の初期からの流れに沿っています。一から四は明らかに社会的な存在として必要とされる知能です。

溝口の問い7　知能を構成する要素にはどんなものがありますか?

溝口の答え7　知能の要素を挙げてみると、以下の六つがあると思われます。一、推論と思考、二、学習と記憶、三、問題解決、四、言語とコミュニケーション、五、自己認識とメタ認知、六、先の五つのすべての基盤となる記号処理を支えるための、実世界と記号の双方向変換機能。

この方法への拡張は、人間の専門家の代行をさせようというエキスパートシステムの興隆と衰退という流れを経て、いったん、いわば挫折してしまいます。その反動もあり、もう一つの方向への拡張、すなわち生物としての知能の方向への拡張に多くの注目が集まるようになりました。それは主にロボット研究との関係で進展していったことは浅田氏の説明にあるとおりです。

このような経緯によって、今の人工知能の研究のテリトリーは作られてきました。本書では両者のアプローチが紹介されており、それが全体で一つの知能を構成するかのように説明されてきました。それを端的に示す図は溝口氏の図3・1です。

一見問題ない図に思えますが、ここに誤解を生む仕組みが紛れ込んでいます。生命の知能と人の知能(これは前述の二つのアプローチに対応)が隣接するように描かれていますが、ここのギャップはまだまだ大きいのです。これはあくまで扱うトピックスの関係性を描いているだけであり、これをまとめて一つの知能だというとらえ方をするのは適切ではありません。

生物としての知能を個別の生物に対する知能として扱うのは当然です。研究としては外部との関係性をできるだけ絞って、内因を探るということになります。しかし、社会に生きる知能を個々の人間の知能として切り離して考えることは適切ではありません。人が社会に適応して生きていくには外から学ばないといけないでしょう。しかし、何を学んだかを知るのは容易ではありません。溝口氏は知能の問題を分解していったときになぜ「知識」が出てこなかったのだろうかと率直に述べていますが、知能を個々の存在とし単純に個の内因と外因に分けて考えると、知識は外因になってしまい、知能から分離されてしまうからです。ここに社会に生きる知能としての人工知能研究のボトルネックがあったし、またブレイクスルーがあると思っています。

人工知能の初期の問題設定に戻って考えると、別に物理的に個に当たるような知能を作りたかったわけではありません。社会における知能を実現したかっただけです。個の知能という軛《くびき》を外したところで、人工知能はあり得るわけです。

ただ、エキスパートシステム開発における知識ボトルネック問題に象徴されるように、社会における知能研究では探求すべき対象をうまく見つけることができませんでした。生物としての知能研究には生物という分析対象があるのですが、社会における知能研究にはそれに対応するものはなかったというわけです。

そのようなときに「World Wide Web」（以下、ウェブ）が出現しました。ウェブの歴史は他に譲ります。とにかくウェブは人類の持つありとあらゆる情報・データを吸収して成長を続けています。これは大きな技術展開であり、我々は初めて社会における知能を追求するための対象を手に入れたと言えます。もうおわかりのように、社会における知能はウェブ時代において「コンピュータによって実現の見込みがありそうな人間の知能の一部」になったわけです。つまり人工知能の目標になったわけです。

これをここでは社会的知能と言うことにしましょう。そして人工的な社会的知能として人工知能をこの先では考えることにします。以下はこれまでの質問の「人工知能」を「社会的人工知能」に、「知能」を「社会的知能」と読み替えて見ていくことにします。

社会的人工知能とは

問い3　社会的人工知能における知能とは何ですか?

答え3　人間が社会で生きていく上で必要な能力です。

社会における人間は他の人間との関係が必須です。他の人間あるいは総体としての社会と切り離してしまっては、その能力は消えてしまいます。人間とその関係性でとらえるのが適切です。あるいは、むしろ関係する個を全体として見る人間の集団・コミュニティ・社会を対象にしたほうが知能をとらえるに適している場合もあるでしょう。つまり、社会的知能を考える上で生物として個体に限定する必要はありません。社会的知能の単体は個々人であることは必須ではないということであり、社会的人工知能も同様というわけです。

問い4　社会的人工知能が実現することにより期待される知能はどのようなものですか?

答え4　まだよくわかりません。集団的行為、創造的行為、議論行為といったことはその一部でしょう。

社会的な知能とは何でしょうか。究極的にはそれは、我々の社会がどんなものであるかを知ることと同値です。大げさに言えば、文明そのものというわけです。ただ人工知能における社会的知能は、実現の見込みがありそうな知能なので、いきなり究極的な知能を目指す必要はありません。今の技術水準から見て、複数の人やエージェントが共同して何かを行うといった集団的行為、何かを作り出すという創造的行為、お互いに意見を交わし合う議論行為はスコープに入るでしょう。さらには、その組合せとして新たな知識を作る行為が可能となるでしょう。

問い5　社会的人工知能は実現可能ですか?
答え5　はい。

グーグル検索は社会的人工知能の成立の可能性を示しています。知能としては記憶だけですが、我々人間が社会的能力として必要とする記憶能力に類似した能力を発揮しています。ＩＢＭ社のワトソン（Watson）はもう一歩進んで問合せに対する回答能力を持った社会的人工知能と言っていいでしょう。あるいは、大規模コーパスに基づく翻訳システムも社会的人工知能の萌芽と言えます。

興味深いことに、これらのシステムは人間の能力の模倣として作られてはいないのですが、結果として人間の能力に似た能力を提供しています。これはこれまで諸氏が明示的にあるいは暗に述べてきたように、人工知能は自然の知能の模倣ではなく機能として同等のものを作るという立場とよく合致しています。

知能と知識

問い6　社会的人工知能の実現にはどうしたらよいのですか?
答え6　人間間のインタラクションと社会における人間の振舞い、社会の構造や活動、知識の観察・収集、分析を通じて行います。

社会といっても、原始的なムラ社会からグローバル化した高度な現代社会まで多様です。原始的なムラ社会であれば、言語能力、対人能力、協調的活動能力など、求められる能力は比較的少数ですが、一方、今、日本にあるような現代社会ではより多種多様な能力が求められています。すべてをいきなり解くのではなくて、取り組みやすいところから順次俎上《そじょう》に載せていけばいいでしょう。

ここでは対象を大きく三つのカテゴリーに分けました。人間間のインタラクションと社会における人間の振舞いは人間が直接関わる活動で、これは生物としての人間との接点です。一方、社会の構造や活動は、社会的な人間にとって生きていく環境であり、かつ先の活動によって作られるものです。知識はこの両者、人間の社会的活動と社会を結びつける手段です。

今、ウェブによって我々の社会的活動はかなり多く観察・収集されるようになりました。多くのデータを集めるだけでもわかることはたくさんありますが、さらに先に進むにはモデルが必要です。それをヒューリスティックに人類が長年かけて作り上げてきたのが知識です。知識によって、我々の社会的活動は解釈可能かつ実行可能になっています。

問い7　知識とは何なのですか?

答え7　知識とは社会を維持するために社会の記憶を伝達するための媒体（メディア）です。

この考えはドーキンス[5]［Dawkins 76］が導入したミーム（meme）やその考えに触発されたステフィック[6]［Stefik 86］の知識メディアと同じです。知識は言葉のないところでは身振り手振り、話し言葉があるところでは口伝で、書き言葉があるところでは文書で表現されます。これからはコンピュータを使って表現されるでしょう。

伝える必要がないところには知識は存在しません。例えば、無人島に流れ着き孤独に過ごす人には知識は存在しません。自分の体験・経験に意味があるといって話すことも書くこともない以上、外在化されないという点において知識は存在しないのです。[7] この人が知識を持っていないのではなくて、知識は伝達するために初めて存在すると考えるからです。

問い8　知能と知識の関係は何ですか?

答え8　知識は外在化された知能の一部です。

知識は我々の社会の歴史的活動の所産であり、社会的知能の重要な一部です。人々は知識を学ぶことで社会的知能を身につけます。

5 — C. Dawkins

6 — M. Stefik

7 — 唯一の例外は未来の自分に対して残しておきたいということはあるでしょう。そのときは外在化されるでしょう。

静的に記述できるような知識が知能という能力の一部になるというのは奇異に思えるかもしれません。しかし、これはプログラムコードのアナロジーなら理解できるでしょう。プログラムコードはそれ自身はデータですが、解釈可能なプロセッサがあれば実行可能になります。また、知識を解釈できる（理解できる）ようにするにはさらに知識が必要です。プログラムコードのアナロジーで言えば、解釈するためのプロセッサのためにまたプログラムコードが必要ということです。このような重層性が社会的知能を多様かつ豊かにしています。また、このような重層性をほどいていくと、その先には生物的知能との接点があるでしょう。

問い9　知識は研究可能ですか？

答え9　はい。しかし、まだ始まったばかりです。

知識は研究対象になりうるものであり、現在も研究されています。しかし、その研究のレベルはまだずっと低いと言えます。第1の科学を実験科学、第2の科学を理論科学、第3の科学をシミュレーション科学と段階的に分けるとするならば、知識の科学はまだ第1の科学に届いているかどうかも怪しいところです。人工知能におけるオントロジーの研究は提唱されて二〇年以上経ちますが［Gruber 92］、まだ思弁的科学（第0の科学と言える）の域にあります。サイク（Cyc）［Lenat 85］はある意味、いきなり第1の科学（実験科学）を目指したと言えますが、環境的にまだまだ準備不足でした。非単調論理の研究は第2の科学（理論科学）を目指していましたが、この理論はいまだ天動説なのか地動説なのかはわからないといったレベルにあると言えます。

しかし先に述べたように、社会における人間の振舞いのデータが大量かつ包括的に得られるという技術の変化によって、環境は整いつつあります。私はこれから大いに期待できると思っています。

知能とウェブ／インターネット

問い10　では、ウェブが社会的人工知能なのですか？

答え10　いいえ。ウェブ自身は人間の社会での振舞いに関する大規模なデータの集積にすぎません。

ただし、今までにない多様なレベルの人間の振舞いに関するデータが含まれています。例えば、これを検索という形で統合したのがグーグル検索で、グーグル検索は記憶という機能においては人工知能と言ってよいでしょう。ただ、ウェブからはまだまだいろいろな知能が引き出せます。知識の発見・抽出やその適用によってはもっと多様な人工知能が構成できるでしょう。また、ウェブのほうも、技術の進展に伴い、より粒度の細かいデータ（センサーデータ）や構造的なデータが入ってきて、順次その内容が変わっていくでしょう。その都度、ウェブに基づく社会的人工知能の可能性は大きくなると考えています。

問い11　社会的人工知能は集合知のことですか？

答え11　いいえ。一部は重なり合いますが違います。

集合知は、多くの人間が一つの問題に対して認知や貢献を行うことで、全体として個別の人の活動の総和以上の価値をもたらすものです。集合知は、まずは多数の目（認知）や多数の手（貢献）といったマスの力が注目されましたが、多数の共同活動（共創）といったことはもっと重要です。集合知は多数の人間の相互作用の現象として社会的知能を解明し実現するのに重要な対象です。これから多くの探求がなされることを期待しています[8]。

このような集合による知能は、実は人間社会に限りません。アリの社会など他の生物にも共通するも

8 ― 集合知に関するより詳しい説明は［武田 15］を参照してください。

のです。この面での研究は人工知能分野で研究されており、これは生物的知能との接点であって、集合知の基礎理論に貢献する可能性があります。

一方、今、注目されている集合知はインターネットを通じて初めて達成できたという点で、人間を助けて賢くするコンピュータというＩＡ（intelligence amplifier）と通じるものがあります。巷で言われている集合知は人間抜きでは考えられないので、この点では社会的人工知能とインターネット的集合知は、人工知能とＩＡの関係に近いと言えます。

また、社会的知能の研究は必ずしも多人数の直接的参加が必要なわけではありません。先に挙げた知識の研究は、知識そのものが多数の人の参加によってできたものですが、人を直接対象とする必要はありません。

人工知能がある世界

問い12　社会的人工知能はどのような形態ですか？　人のように振る舞うエージェントですか？

答え12　それを含むもっと多様な形態でしょう。

社会の構成員としての社会的人工知能は多様な形態をとるでしょう。エージェントといっても人間との類似性は多様で、人間に近いロボットのような形態から人間を取り囲む環境のような曖昧な存在までいろいろでしょう。グーグルをある種のエージェント（人間のアナロジーで、人間と似たように振る舞うもの）と考えてもいいのです。記憶だけが非常にすばらしい人間というわけです。個の人間に近い存在しては、人と常に一緒にいるパートナーエージェントのような人工知能が考えられます。社会に近い存在としての人工知能は一つの社会システムそのものです。

かつて地上を動くものは動物しかありませんでした。気づけば、地球上には自動車が走行したり（機械＋人）、さらにはロボット自動車（機械だけ）が動き回るという状況になるでしょう。それと同じように、社会には異なる形の知能エージェントがあふれるようになるでしょう。

問い13　社会的知能に意識はあるのですか？

答え13　定義によりますが、あってもよいでしょう。

意識を持つかどうかを内部観察的に考えるのはさすがに哲学的議論になるので避けますが、外部観察的に意識を持つかどうかは振舞いの問題であり、この観点で見れば意識を持つように見える社会的人工知能は存在するでしょう。例えば、A社とG社とI社とM社が異なる社会的人工知能を構築して、相互に批判し合ったり、自分自身を弁護したりするとき、多くの人はそれらの人工知能に意識があると思うでしょう。

問い14　スーパー知能ができたとき、それが社会に与える影響をどう考えますか？

答え14　確かに影響は大きいでしょうが、他の技術発展と同じく適宜解決されていくでしょう。

もしスーパー知能を、個としての人間の知能を超える知能を持つことと定義するなら、社会的人工知能はそれ自身スーパー知能です。すなわち社会的人工知能がもたらす知能はスーパー知能です。社会における知能が既存の知能を超えるという定義であっても、インターネット型集合知がすでに示しているように、一部の能力においてはすでに超えています。

こう考えるとどこかに特異点があって、人工知能と人間の関係が劇的に変わるというのは想定しづらいです。グーグル検索やナビといったサービスは、コンピュータ時代以前の人から見れば十分にスーパー知能です。これによって我々の生活が変わっていきました。ことに社会で人間に要求される〝知能〟は変わりつつあります。これまで記憶は知能の重要な要件でしたが、今やそれが記憶でなく判断力や創造力になりました。これはコンピュータと人間がなす知能系としてうまく回るように我々自身や社会が変わったということであり、悪いことではないでしょう。今後もこのような変化は順次起こっていくと思います。

人間の知能を超えるスーパー知能が生まれると、自らの優越性から人間を無下に扱う独裁者的あるは独善的存在が生まれるというSF的シチュエーションを想定しがちですが、スーパー知能としての社会的知能では必ずしもそうはならないでしょう。スーパー知能としての社会的知能は我々の社会の持つ矛盾や不完全性を内包して存在するでしょうから、一方的に独裁者あるいは独善的存在などにはならないでしょう[9]。むしろ、スーパー知能としての社会的知能は人に民主主義を諭す、ということが起こると期待できるでしょう。

問い15　結局、人工知能には身体はいらないということですか？

答え15　いいえ。最後に必要となるでしょう。

本章では、生物としての知能と社会に生きる知能には、研究として今なお大きなギャップがあり、それを安易に結びつけることは不適切であるということを指摘しました。ただし、究極の人工知能はこの両方を包含したとき初めて完成されます。すなわち究極の人工知能は、この両方の働きを持つ単体となるでしょう。この時点では、身体は必要ということになります。ただ、そのときに個体として身体を持つかどうかは定かではありません。

これから二つの知能の研究は相互に関係し合い、互いの要素を適宜とりこみ進展するでしょう。しかし、両者が簡単に一つになることはないでしょう。これまでも技術の進展に伴い、何度もいろいろなレベルで統合したり連結したりする試みがありましたが、統合された人工知能の構築には失敗してきました[10]。ただし、その試みが新しい技術を生み、人工知能分野を発展させてきました。このようなトライアル・アンド・エラーは人工知能研究の発展としては適切で、これからも続けられていくでしょう。

9 ― あえて言えば、スーパー知能としての社会的知能は、我々の社会が独裁者を生むのと同じ程度に、独裁者を生む可能性があると言えます。

10 ― 最近注目されているディープラーニング（深層学習：deep learning）もニューラルネットという神経回路を模倣したモデルと大量データの組合せで、二つの流れの交錯の例と言ってもいいでしょう。

参考文献

[Dawkins 76]　Dawkins, R., *The Selfish Gene. New York City*, Oxford University Press (1976)；日高敏隆，岸由二，羽田節子，垂水雄二 訳，『利己的な遺伝子』，紀伊國屋書店 (1991)

[Gruber 92]　Gruber, T., What is an Ontology? (1992): http://www-ksl.stanford.edu/kst/what-is-an-ontology.html

[Lenat 85]　Lenat, D.B., Prakash, M., Shepherd, M., CYC: Using Common Sense Knowledge to Overcome Brittleness and Knowledge Acquisition Bottlenecks, *AI Magazine*, Vol.6, No.4 (1985)

[Stefik 86]　Stefik, M., The Next Knowledge Medium, *AI Magazine*, Vol.7, No.1 (1986)

[武田 15]　武田英明，集合知とは何か，『ユーザがつくる知のかたち――集合知の深化』（西垣通 編），pp.34-62，角川学芸出版 (2015)

東京大学の池上高志先生は人工生命の専門家です。コンピュータ・シミュレーションや化学実験、ロボットによって自分で動き出すシステムを作り出すことで、分子レベルに分解しても理解できない生命現象を複雑系から読み解こうとしています。

池上先生にとって、人工知能とは「分析的にわかるのではなく、会話したり、つき合うことで直感的にわかりたいと思うシステム」であり［**問い3**］、分類ではなく、パターンを生成することそのものが知性であるという立場に立てば、ロボット掃除機のルンバはゴキブリ的な知性（力学系の知性のごく初歩的な「反射」）を達成した発明になります［**問い6**］。いきなり記号処理ＡＩを実現するから難しいのであって、まずゴキブリを作って、そこから人間に進化させようというわけです。つまり、「知能は進化のたまもの」であって、先に実現すべきは人工知能よりも人工生命であり、知能はその副産物として出現するはずだということです［**問い7**］。

人工生命は、①自律性、②自己維持、③自己複製、④進化可能性、を持つ人工システムです［**問い8**］。リッチで過酷な現実と突き合わせることでロバスト性が高まります。いま、人工生命誕生の場として一番可能性が高いのは、ウェブの世界です。過剰なデータが流れ込み、日々変化するウェブは原始地球の化学スープのようなものです［**問い9**］。

人工知能から人工生命へ

池上　高志

人工知能学会二年生の私の言うことなので失礼もあるかと思いますが、ぜひご批判・反論を聞いて考えてみたく、ドキドキしつつ引き受けることにしました。ここまでの章を読んできて、私には、あっ、そうだった！と思ったことが多々あり、まずはその辺から始めたいと思います。それが最初の質問です。

問い1　なぜ人工知能が嫌いなのですか？

答え1　言語的なもの・代数的なものが性に合わないからです。人工知能は、記号的であり言語的であり、代数構造を基本に構築されています。しかし知能の研究では言葉の背後にある「身体性」こそが問われるべき問題であり、その形はもっとずっと幾何学的なものだ、と思えるからです。ここで言う「幾何学的」というのは、ナイーブな意味での、球をちょっと押し潰す、といった「ちょっと変化する」、の「ちょっと」を扱えることで、それが扱えない代数っていうのは問題ではないか、など無知と偏見に満ちた意見で決め込んでいたわけです。

しかし、言語に関しても意味と文法は分かちがたく、チョムスキー[1]は間違っている！と思う反面、チョムスキー的な分け方が、ＤＮＡと表現型のように、あるいはソフトウェアとハードウェアの区別のよ

1 — N. Chomsky

うに、「腑に落ちやすい」わかり方というのも事実でしょう。それにチョムスキーは、言語文法に対応するチューリングパターン的方程式を見つけよう、という主張もしているのですから、そうなると複雑系の主張と同じになってきます。とすると、人工知能は好ましいものに思えてきます。そもそも嫌いと好きは共存できるわけですから。

問い2　なぜ人工知能が好きなのですか?

答え2　これまでの物理学の研究の延長上にないからです。これまでやってきた「パターンの生成と消滅」の研究は面白いし、そもそもカオスの研究に引かれたのも、非線形方程式に隠されていたカオスの幾何学的イメージが視覚化されたためです。それは記号的ではなく連続状態の、代数ではなく幾何学的なイメージとしての力学系研究の真骨頂です。しかし、それはもう十分やりつくしたのではないでしょうか。一九五二年に生物の形づくりの論文を発表し、みながそのチューリングパターンを褒め称えていたときに、当のアラン・チューリング[2]は、シマウマの「シマ」のほうは簡単だけど「ウマ」のほうはどうなった、と言ったと言われています。もし力学系の研究が、せいぜいシマの研究どまりで、ウマは永久にできないのだとしたら、私は興味がなくなってしまいます。ここで言うシマとウマとは、それぞれパターン形成と知能に置き換えられます。

しかし、そもそも人工知能をどう定義しましょうか、ということになるでしょう。人工知能とその研究、は区別すべきだと。それで次の大事な質問に移ります。

問い3　人工知能って何ですか?

答え3　我々がペットや人と接触するような、情動と冗談に満ちた相互作用を、物理

2 — A. Turing

法則に関係ない形で、人工的に作り出せるシステムを人工知能と定義します。別の言葉で言えば、分析的にわかるのではなく、会話したり、つき合うことで直感的にわかりたいと思うシステム。それが人工知能です。

いつだったか、大学院に入りたての学生に、先生は具体的には何を研究しているのか、と問われ、簡単に説明すると、「あーなるほど、ロボット動かして認知はどうたら、とかそうゆう系ですか」と、言われたことがあります。これは相手の学生が単にひどい例なのですが、これほどではなくても人間の相互作用は偏見と誤解に満ちています。その意味で、人間は実に人工知能的なのです。

極端な例とはいえ、このひどい学生との会話は人工知能の嫌いな一面を見せてくれています。つまり、ものごとをラベル貼りして考える癖、というやつです。世界はラベルされないことに満ち満ちていますが、ものの理解とはラベル貼りすることではないはずです。だから人工知能をラベル貼りと考えるという態度こそが間違っている、と考えます。しかし、逆にそのラベル貼りの傾性を圧倒的に増長させたのがグーグル検索です。

問い４　グーグル検索は人工知能になりうるのですか?

答え４　いいえ。ならないでしょう。先の学生の質問が典型的であるように、ラベルによる決めつけ、あるいはその思考ストップが問題だと思うからです。ラベル貼りというのは思考停止を意味します。グーグル検索のやっていることは、森羅万象ありとあらゆるものにラベルを貼り、インターネットで、検索可能にするという作業です。究極的にはグーグル検索で探しても出てこないものは存在しない。このグーグルの持つ構造的問題は深刻だと思います。

考えてみてほしいのは身の回りのありとあらゆるものにラベルの貼られたへんてこりんな世界です。コップには「コップ」と貼ってあるし、机には「つくえ」と貼ってある。そのラベルのバカバカしさはたちどころに了解できる。なぜならば、わたしたちの見ている世界とは、「ラベル貼りされた後の残響と残像」です。だからコップを見るときには「コップ」を見ているのではなく、コップのテクスチャーや形と同時に、それに喚起される記憶やイメージ、自分の身体運動を見ているのです。それが認知プロセスです。逆にラベルだけならば、抜け殻です。認知はラベル貼りではない。だからグーグルの方向線上には人工知能はないのです。ラベルを貼らない人工知能とその研究のオルタナティブを探しましょう。

問い5　記号やラベルのない人工知能の可能性はありますか?

答え5　オルタナティブは、力学系としての知性です。例えば脳の神経システムを模倣したニューラルネットワークによる「知性」は、ラベルを貼らない。つまり記号操作ではありません。実際、脳にとっては、神経細胞の発火とシナプス増強・抑制による、随時変化していくパターンが存在しているだけで、記号もその操作も存在していません。

脳（あるいはそれの媒体である神経細胞のネットワーク）にとって、分類ではなくパターンを生成することが知性となります。それを「力学系の知性」と呼ぶことにします。この力学系の知性が実装される例は、簡単にはロボットのことです。例えばこの例として、ロドニー・ブルックス[3][Brooks 91]やロルフ・ファイファー[4][ファイファー 01]、ジョーダン・ポラック[5][Lipson 00]、谷淳[Tani 14]、石黒浩[石黒 12]、國吉康夫[國吉 05]、浅田稔[浅田 13]、あるいはダリオ・フロリアーノ[6]、ステファン・ノルフィー[7][Floreano 08]とインマン・ハーベイら[8][Cliff 93]の進化ロボット群、ほかにも多くのロボットが記号操作ではなく、力学系としての知性を模索してきました。もちろんすべてのロボットが力学系と一言ではくくれないのですが、記号操作を基にしたＡＩ的ロボットではない、という意味では一致しています。例えば「ゴミ」という内部表象を操作しなくても、ゴミを片づけることができるのは、ゴミを記号化（ラベル化）していないからです。

3 — R. Brooks
4 — R. Pfeifer
5 — J. Pollack
6 — D. Floreano
7 — S. Nolfi
8 — I. Harvey

そうすると、人工知能はもうロボットによって達成されたか、ということになりますが、そうはいきません。

問い6　**ロボットは人工知能を達成したのでしょうか?**

答え6　**反射的な知性（ゴキブリ的な知性）は、力学系でほぼ達成していると言ってもいいでしょう。そういう路線上では力学系的知性はかなりの成功を収めている。ブルックスのルンバ（Roomba）はたいした発明です。身体は脳の命令を聞く入れ物ではありません。脳は身体運動の結果をあとづけ的に解釈する装置にすぎないのです。身体から作り出す情動こそが、脳科学者ダマシオ[9]の言うように人の知性を作る可能性があります**[Damasio 95]。**問題は、このロボットからゴキブリ以上の知性は出現しそうにない点です。**

アンディ・クラーク[10]は『現れる存在』[クラーク 12]（原書は一九九七年）という本の中で、記号処理ＡＩと力学系的ＡＩとの折衷案を提案しています。なぜならば、複雑な状況に関しては、表象主義と計算が作り上げたパラダイムが重要だ（p.311）、とアンディは考えているからです。本書の第6章に浅田稔さんが書かれているもの（元の論文は[浅田 13]）にもその主張が見て取れます。もし折衷案を否定するならば、ロボットが「進化」していく過程で「記号」が創発してこないといけないことになります。

力学系的ＡＩの立場からの問いは、ゴキブリから人間への進化は可能か、にあります。別な言葉で言えば、いきなり完璧なＡＩを作ろうとするからいけないのです。そこで次のような質問を設定してみます。

問い7　**人工知能を作るには進化が必要ですか?**

答え7　**知能は進化のたまものです。進化というコンテキストに照らし合わせるこ**

9 — A. Damasio

10 — A. Clark

とで初めて、知能とは何かがわかる、とぼくは思っています。人工知能の研究が、いきなり記号処理AIを出現させようというのだとしたら、それは難しいか不可能ではないか。自然においては記号処理的知性の進化には四〇億年かかっています。知能は、進化的に生まれてきた「鳥の羽」のような生物の形質と見なすべきです。我々という存在は進化のたまものであり、その我々が認識できる知性を問題にしているのですから、知性とは生命の形質の一部なんでしょう。

知能が進化のプロセスで生まれたものならば、まずは生命を作らねば！　生命を作ればその副作用として、知能も出現するはずです。だから人工的に生命を作ること、人工生命を考えることが人工知能実現への道なのだと考えています。

このような人工知能の研究に比べて、人工生命の研究のほうはあまり知られていないし、誤解も多いです。例えば知性と生命と、どちらが作るのが簡単か、そうした問いを立ててみます。生命は知性を進化させたが、生命なき知性というのは発生していません（例えば、賢い惑星とか、賢い河といったもの）。生命をまず発生させよう！　それが人工生命です。直感的には生命を作るほうが知性を作るよりも簡単なはずです。

問い8　人工生命とは何ですか？

答え8　人工生命とは、自律性・自己維持・自己複製・進化可能性、を人工的なシステムに持たせたものです。どんな原始的な生命体も、この四つは持っているとも考えられましょう。例えばゾウリムシは自律的に動き、膜に囲まれた代謝反応ネットワークを持ち、自己複製を可能とし、生命の大きな系統の流れの中にあります。この四つを、生命システム以外の材料をもとに作ったのが「人工生命」です。具体的には、例えば化学実験、コンピュータのプログラム、非線形方程式群、ロボット、そういうものの中にそうした四つの条件を探しています。[11]

生命が機械やプログラムの中で自然に生まれるとは、すなわちロボットが出現するということであり、その先に知能が進化してくることを期待するわけです。しかし残念ながら先にも言ったように、今のところ生命にはなっていないのです。

ルンバというのは、大変わかりやすく人工生命をイメージさせるものでしょう。しかしルンバの生みの親でもあるブルックスは、ルンバやドローン（Drone）がいまだ生命ではない、と嘆きます。生命にならない理由として、四つの答えを彼は考えました。⑴コンピュータの速さがまだ足りない、⑵モデルのパラメータがうまく選ばれていない、⑶モデルの複雑さのレベルがまだ足りていない、⑷生命の基本法則がまだ見つかっていない。この四つの答えのどれが正解かはわかりませんが、何かをふりかけると本物の生命になる、その何かを「ブルックスのジュース」と言います［Brooks 01］。ぼくはブルックスの四つの答えにはない、五番目の答えにブルックスのジュースはあると考えています。

問い9　**人工生命に足りていない五番目の要素とは？**

答え9　**ずばり環境の過剰性が足りていない！と思うのです。人工生命を作る場合、うっかりあまりに陳腐な「世界そのもの」をインストールしてしまったことに気がつきました。インストールされる仮想世界は、現実に比べるとはるかに陳腐で、安全にできています。ロボットの実験場もそうです。しかし現実世界はもっとリッチで過酷です。現実世界における過剰性との向き合い方。それが、これまでの人工生命（そして人工知能）の研究には欠けているように思えます。かつてナム・ジュン・パイク[12]は、ロボットを街に連れ出しました。ロボットは交通事故に遭って死にました。世界で初めて交通事故に遭ったロボットです。想定外のインプットということに対抗するシステムのロ**

11 ― 人工生命についての書は自分［池上 07］のも含めて多いのですが、例えば二〇〇〇年のこの論文［Bedau 00］は人工生命の一〇大問題を集めています。

12 ― N. J. Paik

バストネスは、過剰性なくしては作られません。コーヒーをぶっかけられたら、壊れないでそれを解釈し動くロボットでなくてはならない。決まった入力形式しか受けつけないコンピュータなんて、とても現実世界では生きていけないでしょう。

文字だけではなくて、広く情報や物質的な過剰なデータによって創発される構造とパターン。それはいわゆるビッグデータの科学とは異なり、過剰なデータ自身が自己組織化して見せる「生命性」を見ることです。この生命性こそが、人工の生命であり人工の知能です。それをマッシブデータフロー（massive data flow）と命名しました[13]。今、人が作り得た最も複雑な人工システムはインターネットウェブです。そこには、過剰なデータが流れ込み、インターネットの構造は日々変化する、不安定な組織体です。だからこそ、ウェブに新しい生命を創発させ、人工知能が生まれるのを待つ実験はどうでしょうか[池上 12b]。

インターネットは、SNS（social network service）の登場によって、サーチするメディアからコミュニケーションするメディアへと変わりました。次に来るウェブの変革は何でしょうか。ぼくは、だから生命性の誕生だと思うのです。現在までの研究で、ウェブが自律的なパターンを持つこと[Oka 13]や、神経細胞のような興奮性媒質であること[Oka 14]は、なんとなくわかってきたと思います。つまり、ウェブは原始地球の化学スープみたいなものなのです。だから実際の生命進化と同じように、そこに生命が生まれ進化することもあるのではないかと思うのです。つまり十分に過剰性の海につかるウェブ、あるいはインターネットに限らない新しいデバイスをつないだコミュニケーションのウェブには十分、人工生命が生まれると期待できると思います。最後の質問は、そのとき生命に気がつくか、です。

問い10　**生命が生まれたかどうかは、わかるものですか？**

答え10　**わかると思います。人工生命／知能に関するマイルストーン的な映画作品に「ブレードランナー」[14]（リドリー・スコット監督、一九八二年。原作としてい**

13 — massive data flow を提案し、過去四回にわたって人工知能学会でオーガナイズさせていただいたのが、ここでこの原稿を書いている理由でもあります[池上 12a][Hinton 07]。

14 — R. Scott

るのはフィリップ・K・ディック[15]の『アンドロイドは電気羊の夢を見るか』）というのがあります。人工的に作られた人間・レプリカントたちは、二年という有限の寿命しか持てない。自分の死期を悟ったレプリカントのバッティは、辞世の句を残して停止します。知力・腕力ともに強力なレプリカントは、わたしたちにとって強く「実存的」です。わたしたちにはそれがわかる。わかるのは、何ができるかといった機能的なものによるのではなく、そのシステムが Being There（現れる存在）を持ちうるために、わかるのです。そうした感覚的な気づき（perceptual awareness）が、生命や知能の検知器です。

バッティの辞世の句[16]は、実はアンジュール・ランボー[17]の『酩酊船』（一八七一年）の人工知能バージョンであることに気がつきます。ランボーのオリジナルの詩は次のように始まっています（小林秀雄訳）。

　われ、非情の河より河を下りしが、
　船曳の綱のいざなひ、いつか覚えず。
　罵り騒ぐ蛮人は、船曳等を標的に引つ捕へ、
　彩色とりどりに立ち並ぶ、杭に赤裸に釘付けぬ。

　船員も船具も今は何かせん。
　ゆけ、フラマンの小麦船、イギリスの綿船よ。
　わが船曳等の去りてより、騒擾の声もはやあらず、流れ流れて思ふまゝ、われは下りき。

これは、普通の船が自律性を獲得し、自分で自発的に大海原に漕ぎ出すところから始まることをうたっています。しかしこの後には凄まじい冒険が待っています（この詩は冒頭の部分で、この後に冒険

15 ― P. K. Dick

16 ― バッティの辞世の句には、「俺はおまえら人間には信じられないものを見てきた。オリオン座の片隅で青白く燃える宇宙船、タンホイザーゲートのオーロラ…」とあり、『酩酊船』の後半では、「おれは見た、巨大な沼地が発酵するのを、…氷河を、銀の太陽を、真珠色の波を、熛火の空を！」と続いています。

17 ― A. Rimbaud

が続きます)。情報の海に自分で漕ぎ出す新しいシステムは、どんな経験をするのか、どんな冒険が待っているのか。過度な期待もできまいが、案外面白いことになるかもしれません。過剰性の海を用意して、そこに自然と生命が生まれるのを待ちましょう。必要なのは過剰な情報の流れです。

参考文献

[浅田 13] 浅田稔，人工知能とは？ (6)――認知発達ロホティクスによる知の設計，『人工知能学会論』，Vol.28, No.6 (2013)

[Bedau 00] Bedau, M. A., McCaskill, J. S., Packard, N. H., Rasmussen, S., Adami, C., Green, D. G., Ikegami, T., Kaneko, K., Ray, T. S., Open Problems in Artificial life, *Artificial Life*, Vol.6, pp.363–376 (2000)

[Brooks 91] Brooks, R. A., How to Build Complete Creatures Rather than Isolated Cognitive Simulators, *Architectures for Intelligence* (Van Lehn, K.(Ed.)), pp.225–239, Psychology Press (1991)

[Brooks 01] Brooks, R., The Relation between matter and life, *NATURE*, Vol.409, pp.409–411 (2001)

[クラーク 12] A. クラーク 著，池上高志，森本元太郎 監訳，『現れる存在――脳と身体と世界の再統合』，エヌティティ出版 (2012)

[Cliff 93] Cliff, D., Harvey, I., and Husbands, P., Explorations in Evolutionary Robotics, *Adaptive Behavior*, Vol.2. No.1, pp.73–110 (1993)

[Damasio 95] Damasio, A., *Descartes' Error: Emotion, Reason, and the Human Brain*, Penguin Books (1995)

[Eigen 78] 自己触媒反応の重要性は，人工生命研究の一つの柱で，古くは，Eigen, M. and Schuster, P., Part A: Emergence of the Hypercycle, *Naturwissenschaften*, Vol.65, pp.7–41(1978) に始まった。最近では例えば，Virgo, N. and Ikegami, T., **Autocatalysis Before Enzymes: The Emergence of Prebiotic Chain Reactions,** *Advances in Artificial Life, ECAL 2013: Proceedings of the Twelfth European Conference on the Synthesis and Simulation of Living Systems* **(Liò, P.** *et al*. **(Eds.))**, pp.240–247, MIT Press (2013)

[Floreano 08] Floreano, D., Husbands, P., Nolfi, S., Evolutionary Robotics, *Springer Handbook of Robotics* (Siciliano, B. and Khatib, O.(Eds.)), Chap.61, Springer (2008) に良いまとめがある.

[Hinton 07] 2014 年の人工知能学会（松山，5 月）においても，オーガナイズドセッションが組まれた．例えば，Hinton, G. E., Learning multiple layers of representation, *Trends in Cognitive Sciences*, Vol.11, pp.428–434 (2007) を参照.

[池上 07] 池上高志，『動きが生命をつくる――生命と意識への構成論的アプローチ』，青土社 (2007)

[池上 12a]　池上高志，岡瑞起 編，特集：「人と環境に見る高次元のデータフローの生成と解析」エディトリアル：マッシブデータフローの科学を目指して――人と環境の間を流れる高次元のデータフローを巡る生成と解析について，『人工知能学会誌』，Vol.27, No.4 (2012)

[池上 12b]　池上高志，植田工，『生命のサンドウィッチ理論』，講談社 (2012)

[石黒 12]　石黒浩，持続発展可能なロボット開発におけるマッシブデータフロー，『人工知能学会誌』，Vol.27, No.4, p.396 (2012) は，このエッセイの後半の話ともつながっていく．

[國吉 05]　國吉康夫，大村吉幸，寺田耕志，長久保晶彦，等身大ヒューマノイドロボットによるダイナミック起上がり行動の実現，『日本ロボット学会誌』，Vol.23, No.6, pp.706–717 (2005)

[Lipson 00]　Lipson, H., Pollack, J. B., Automatic Design and Manufacture of Artificial Lifeforms, *Nature*, Vol.406, pp.974–978 (2000)

[Oka 13]　Oka, M. and Ikegami, T., Exploring Default Mode and Information Flow on the Web, *PLoS ONE*, Vol.8, No.4 (2013) e60398

[Oka 14]　Oka, M., Hashimoto, Y., Ikegami, T., Fluctuation and Burst Response in Social Media, *The 2nd International Web Observatory Workshop WOW2014 at WWW 2014*, Korea, April (2014)

[ファイファー 01]　R. ファイファー，『知の創成――身体性認知科学への招待』，共立出版 (2001)

[QuAIL]　NASA の量子人工知能研所（QuAIL）のページ：http://www.nas.nasa.gov/quantum/

[Tani 14]　Tani, J., Self-Organization and Compositionality in Cognitive Brains: A Neuro-Robotics Study, *Proceedings of the IEEE, Special Issue on Cognitive Dynamic Systems*, Vol.102, No.4, pp.586–605 (2014)

『人工知能は人間を超えるか』がベストセラーとなった東京大学の松尾豊先生は、人工知能を使ってウェブをもっと賢くすること、ディープラーニングをはじめとする新しい人工知能技術で大きなブレークスルーを生み出すことを目指しています。

知能の仕組みを知りたいときに、動きがわかって理解したつもりになる分析的アプローチではなく、自分で作って試してみる構成論的アプローチを取るのが人工知能の立場であり［**問い2**］、知能をプラグマティックな側面からとらえて「相手に勝ち、生き残る力」と定義しています［**問い3**］。生存確率を上げるには、外界の予測能力を上げる必要があります。外界のパターンをとらえ、それを適切な形（適切な表現、抽象化）で蓄積し、未来予測に使えるようにする。突破口を開いたのは、ディープラーニングです。ボトルネックとなっていた表現獲得の壁を越えるきっかけとなりました。表現が獲得できれば、同じものと違うものを分けることができます。同一性の検知機能の獲得です［**問い7**］。

ただし、ディープラーニングがすべてを解決するというわけではありません。松尾先生は、現状で足りない点として、①時間の扱いが下手、②行為や操作という概念がない、③行為の系列（チャンク）という概念もない、④発見・創造の仕組みがない、⑤獲得した概念と言語とのバインディングもない、を挙げています。

生存確率を上げるための知能

松尾 豊

問い1　人工知能とは何ですか?

答え1　人工的に作られた人間のような知能、ないしはそれを作る技術です。

堀氏は第5章で、「人工知能とは何か」という問いに対して、「人工の知能である」と答えたのでは何も答えたことにはならないであろうと書いています。右の回答はまさにこの「答えたことにならない」回答ですが、それなりに意図があります。

概念が存在する背景には、その理由があるはずです。例えば、「遅刻」という概念は、時間に遅れる人がいて、それが何らかの現実的なインパクトをもたらすから、特段重要なものとして概念化されるわけです。あるいは、「卑怯」という概念は、人は正々堂々と戦うべきという理想と、正々堂々と戦わない場合に有利なことがあるという状況から生み出される概念でしょう。

そう考えると、人工知能という概念がある背景には、人間の持つ知能に対する興味と畏怖、それを作ることによって理解したいという知的好奇心があると思います。「人間のような知能とは何か」とか「何をもって人工知能と言うのか」、「そもそも知能とは何か」など、さまざまに議論することはできるでしょうが、まず、人間自身の知能に対する畏怖や興味、好奇心が、人工知能という概念の存在理由であると思います。ウィトゲンシュタイン[1]がゲームの定義が難しいと言ったように、ミンスキー[2]が愛は空白によってしか定義できないと言ったように、人工知能は、まずは人間の知能によって定義するのが妥当なのではないかと思います。

我々はいつか死にます。こうして考え、認識している主体にも終わりが来ます。このこと自体を考え

1 — L. Wittgenstein

2 — M. Minsky

ることは、自分自身にとても不思議な感覚をもたらします。そして、今まで見聞きしたさまざまな知識や経験から、こうして考えている我々自身の認識を、あるいは世界の認識のすべてを我々の脳が作り出しており、しかもそれが何らかの物理法則にのっとった現象であると、どうやら認めざるを得ないのです。そういうわけで、我々は、我々の脳に内在する「知能の仕組み」を知りたい、作りたいと願うのです。

したがって、我々が作りたいと願う「人工知能」は、必然的に人間のような知能であり、人工的に作れる必要があります。そして、知能というのは、まさに我々がその存在と神秘性に畏怖を抱いている対象そのものであると言えるのです。

問い2　脳科学や認知科学とは違うのですか?

答え2　違います。

多くの方がすでに書いていることですが、人工知能は構成論的アプローチです。私なりの表現で書いてみましょう。

知能の仕組みを知りたいと願ったときに、分析的なアプローチと構成論的なアプローチがあります。要するに動きがわかって理解したつもりになるのか、自分で作ってわかるのかという違いです。それは、解説者とスポーツ選手であり、経営学者と経営者であり、口うるさい客と料理人です。解説するのは簡単ですが、実際にやるのは難しいのです。だからこそやってみないとわかったとは言えないと思います。私は構成論的アプローチが好きです。

もう少し強いバージョンの主張もあります。知能の仕組みを理解するという主体は、我々人間自身です。そもそも、現実世界のある現象をモデル化し、理解したいと願うとき、人間が取れるアプローチは、現象を要素に分解し、要素間の関係に落とし込むことでしょう。そして、因果関係（のようなもの）を認識するには、あることをしてみて、それに対する帰結を（通常は時間的な遅れを伴って）観察するしかありません。そして、「自分が何かをしたから」、「こういう現象が観測された」ことをもって、因果関係と認識します。これは、プラグマティックには極めて正しいアプローチです。「自分が何かをした」と「こういう現象が観測された」という帰結をつなぐ背景に、膨大な前提条件が存在します。しかしそうした膨大な諸条件をすべて網羅することはそもそも無理だし意味がありません。それらをすべて無視した上で、こうしたからこうなったと理解するわけです。そうして、現象が経済的な方法でモデル化されるわけです。つまり、モデルなんて、すべて未知なる膨大な前提条件付き、括弧付きでの記述にすぎないわけです。

　脳科学や認知科学によって、「こういった仕組みで知能ができているんですよ」と言われたところで、それが「知能を構成する十分条件になっているのか」誰にもわからないのではないでしょうか。十分性を言うには、作るしかありません。かくして、いまだ黎明《れいめい》期における知能の仕組みの解明は、構成論的アプローチによらざるを得ないと思います。

問い3　知能とは何ですか?

答え3　相手に勝ち、生き残る力。ただし、付帯条件があります。

知能の定義にはいろいろなものがあると思いますが、ここでは知能をプラグマティックな側面から議論します。これまでの解説の中では、松原仁氏が、「知能とは、（未知の状況に対して）死なない程度に適切に対応する能力」と、ほぼ同じことを言っていると思います。

　知能がなぜあるのか。生物として存続する確率を上げるためでしょう。[3] 存続しないものは消えゆくから、存続に対して強い誘因があるのは当然です。存続する主体は、個体かもしれないし集団としての種全体かもしれません。いずれにしても、生物は、時間を超えた存続確率を上げるためにさまざまな身体（ハードウェア）の改良、イノベーティブな生存戦略や協調戦略、そして情報処理機構（ソフトウェア）の改良を行ってきました。知能は、個体の一生の間に、ソフトウェアの中身を一部書き換え、環境に適応することを可能にします。川があって魚が捕れました。だから川にまた行くのです。他の川でも魚が捕れるのじゃないかと考えるのです。

3 ― ただし、存続する必要のある生物と乖離した人工的な知能は、存続ではなく「与えられた目的」に対してそれを達成する力ということになります。

人間の場合の知能は、いささか進化しすぎているのかもしれません。もはや生存確率を上げるためにここまで過剰な情報処理装置を載せる必要性があるのかどうかはよくわかりません。しかし、ひとまず生物が知能を使って、環境、他の生物、あるいは他の個体を出し抜き、勝つことによって生存確率を上げるための戦いをしていると考えるのであれば、知能が高いということは、多様な状況に極めて効率的に適応することができるということです。言い換えれば、弱点が少ないということです。弱点があればそこを利用されてしまいます。

知能を定義することは「サッカーにおける最強の戦略は何か」と問うことと似ていると思います。現時点での最強戦略を言うことはできるかもしれない。だがそれは相手とともに、時代とともに変わります。強いチームはいかなる状況でも強いはずであり、それは相手の戦略に応じて相手よりも速い速度で学習し、相手を凌駕します。

知能とは、相手に勝ち生き残る力です。一方で、自明な解を除くための、いくつかの付帯条件があるように思います。

◉ 物理的な要因を伴わないもの：力が強いから勝つのは自明なので、これは除きます。
◉ 変化する環境や相手に適応し学習するもの：変化しない状況での最適戦略もありますが、これは除きます。
◉ 一つの個体内で完結するもの：組織や群の行動も十分に適応的で生き残る力が強い可能性もありますが、通常はこれを除きます。

そして、多くの場合は次のような性質を伴います（コロンより前は中島秀之氏の解説より、後は溝口氏の解説より）。

◉ 未来予測能力、環境を自己に有利に変更する能力：問題解決、自己認識とメタ認知
◉ 学習能力：学習と記憶

◉ 伝達能力：言語とコミュニケーション
◉ 抽象的記号操作を行う能力：推論と思考、実世界と記号の双方向変換機能

ここで書いたように、知能とは生き残る力であるという主張をするのであれば、池上高志氏が述べているように「知能が進化のプロセスであるならば、まずは生命を作らねば！」という主張も理にかなったものと感じます。

問い4　何をもって人工知能ができたと言うのですか？
答え4　できたらわかります。

これまで、この答えは誰もしていないように思いますが、池上高志氏の解説の中で「人工生命や人工知能が生まれたかどうかはわかると思う」と述べているのが近いかもしれません。チューリングテストのような客観的な判断基準を作ろうとする試みは、それはそれで重要だと思いますが、本質的には知能が何かを考えると、適切ではないように思います。知能が「サッカーの強さ」のようなものであり、人工知能が「人間のようなサッカーの強さ」であると考えると、それができれば、見ればわかるはずです。なぜなら、サッカーが強くて、戦うと負けるわけですから。知能は、戦略としての強さを表すものであるので、知能の高い何らかの存在ができれば、それは、人に「強い」、「賢い」というような印象を与えるはずです。人間に近いレベルの知能、もしくは人間を超える知能ができれば、それは人間にはわかると思います。

あるいは、サッカーの強さがあまりに人間離れしていて、例えば、ゴールを全部塞ぐキーパーがいるとか、一〇〇メートルの高さでリフティングする選手がいるとかいうことであれば、これは「もはやサッカーではなく違うゲームだ」と思うかもしれません（そしてそれは、前項の付帯条件に該当するわけです）。

そうすると、「人間のような知能」ではなくなり、西田豊明氏の言うようなスーパー知能と言うべき

かもしれません（浅田稔氏は、自然知能と対比させて人工知能と言っています）。

問い5　自己意識はあるのでしょうか？　自由意志はあるのでしょうか？

答え5　自己意識はあり、おそらく存在理由があります。自由意志はありません。

自己意識については、二〇〇二年頃、中島秀之氏に自説を聞いてからそれを上回る回答に出会っていないので、それが答えではないかと思っています。脳の中に外界をシミュレートする装置があり、その中に自分もいます。その自分は今、自分のことを考えている、というふうに無限後退が起こります。しかも自分だけがそのシミュレーションにおいて制御可能な変数です。それが自己の感覚であり、自由意志があるような感覚につながっているのだと思います。

しかしながら、そうした感覚を持っているとしても、微視的には脳の状態が時間 t から時間 $t+1$ に決定論的に決まっており（確率的な挙動はあるにせよ）、そこに自由意志が入る希望も必然性も特にないと思います。

ただし、上の説明では、自己意識はシミュレータ内で自分自身に注意を向けるというところから来ているわけですが、この注意を向けるという機構がなぜ存在するのか、注意を向けた場合には認識精度や学習能力がいきなり向上するわけですが、それがどのような必然性を伴って存在するのかは、いまいちよくわかりません。しかし存在理由はあるのでしょう。面白い問題です。

問い6　人工知能はできるのですか？

答え6　できます。

松原仁氏の回答がとても端的で全面的に同意します。「技術的にできない理由が存在しません」。プラグマティックにはできると思ってやるしかありません。いつの時代も、研究者の役割は、自分が信じたことをやり続けることです。

勝算もあります。これまでの人工知能の問題は、ほぼすべて表現獲得の問題と言ってもいいと思います。その問題が解かれていないがゆえに、知識獲得のボトルネック、フレーム問題、シンボルグラウンディング問題、さまざまな難問が人工知能の分野に立ちはだかりました。しかし、大量のデータを基に、データに内在する特徴を取り出し、それを階層化すること、それに名前をつけて記号とグラウンディングさせること、自己の行為を抽象化し、名詞的概念だけでなく動詞的概念も作り出すこと、そういったことができれば、知能の仕組みの解明にぐっと近づくはずです。ディープラーニング（深層学習：deep learning）がその端緒を開いていると思っています。これまでにも同様のアイデアはありましたが、膨大な計算量を背景とした頑健性の獲得がポイントでした。

私の楽観的な予想では、今後五年から一〇年の間に、ディープラーニングをきっかけとして人工知能の研究に大きな変化が起こるでしょう。そして、その研究はこれまでの人工知能の研究を再度なぞっていくようなものになると思います。そして悲観的予想としては、こういった私の予想がまたしても人工知能の楽観的な予想シリーズとして嘲笑されることでしょう。

問い7　知能の実現には何が必要ですか？

答え7　答えるのは難しいです。パターンを想起し、そのシーケンスに沿って未来を予測する能力を実現することは重要な鍵でしょう。

これは、中島秀之氏の回答からいただきました。『考える脳　考えるコンピュータ』［ホーキンス05］にうまく説明されていますが、知能は、そもそもは外界の予測能力を上げるためにあると思います。そのことが生存確率を上げるからです。そのためには、外界のパターンをとらえ、それを適切な形で（適切な表現、抽象化によって）蓄積し、それを未来の予測に用いることができなければいけません。それに加え、人間の場合は、言語や社会性といった能力によって知識や情報を伝え、より高度な社会を築いています。

この大きな手がかりになるのがディープラーニングです。これまでの人工知能の研究は、知識表現をいかに獲得するかというところが最も難問であり、それが解決されませんでした。ところが、ディープラーニングは与えられたデータから高次の素性を深い階層によって生成します。そのこと自体が、直接に表現獲得に関するあらゆる問題を解くとは考えませんが、しかし重要な方向を示していることは確かでしょう（溝口氏の知能の要素の中では、「実世界と記号の双方向変換機能」に該当します）。

基本的に、ディープラーニングのように、オートエンコーダで教師なしで学習し、それを多段に構成するというアプローチは正しいと思います。これはたまたま最近注目されているからというわけではありません。以前からさまざまな研究者が提唱していましたが実装できませんでした。

しかし、現状のディープラーニングでは、[4] 時間に対する扱いがエレガントでありません（リカレントネットワークやその変種がさまざまに提案されていますが、いまいちエレガントでありません）。また、行為や操作という概念がありません。行為の系列（チャンク）という概念がありません。発見・創造の自然な仕組みがありません。獲得した概念と言語とのバインディングがありません。ないものだらけです。しかしながら、データを基盤にして、そこから表現を獲得するというアプローチ自体は全くもって正しいものだと思います。

ディープラーニングの先にある仕組みによって表現が獲得できるようになれば、同じものと違うものを適切に表すことができるようになります。長尾真氏も書いているように、同一性、類似性、そのための抽象化が、知能の機能として非常に重要です。表現の獲得はすなわち、同一性の検知機能の獲得です。山川宏氏の言葉を借りれば、脳とは「ユークリッド空間から位相空間への写像マシン」と言えます。長尾真氏は、知能の一連の働きを脳と対応させながら書いていますが、そうした機構が、ディープラーニングのような環境認識の手法を伴うことで一気に実現できる可能性があるのだと思います。

問い8　身体性は必要ですか?

答え8　人間が持つのと同じような概念を形成するには必要です。

ただし、概念を形成する原理を（構成論的に）解明する際に、身体性は必ずしも必要ではありません。浅田稔氏が述べているように、シンボル上でのダイナミクスが別のレベルのグラウンディングにな

4 ― この原稿が学会誌に掲載された二〇一四年から本書が出版されるわずか二年ほどの間に驚くほどのスピードで技術が進んでいます。ここに書かれたような問題点は、Long-Short Term Memory（LSTM）という仕組みがほぼ確定してきたこと、Google の Deep Dream をはじめとしてディープラーニングの生成モデルによりさまざまな画像・映像を生み出せるようになってきたこと、「アルファ碁」のように強化学習・探索と組み合わせた手法が出てきたこと、画像と文章の相互変換の技術が出てきたことなどによって、相当な部分がすでにアプローチされています。もちろん、この先に新しい問題点も現れていますが、ディープラーニングを基盤とする技術の進展は恐るべき速さと言えます。

るのであればよいと思います。そういった意味で、囲碁・将棋、さらにはテレビゲームなどのゲームも良い素材であると思います。

人間のような概念を形成する必要がどのくらいあるのでしょうか。これは難しい問いです。おそらく、経済的にはあまり合理的ではないのではないかと思います。つまり、概念を形成する原理が解明されたときに、これをロボットなどを使って、「人間が持つのと同じような概念を形成するために」使うのは産業応用としては最初に来ないのかもしれません。ただ、人間生活の中にロボットが入ってくるようなシーンを考えると必要なのでしょう。このあたりは社会的、文化的、政治的な要因もあり、よくわかりません。

問い9　オントロジーは必要ですか？

答え9　必要です。

ただし、私の場合は、知識工学的な応用のために必要というより、人間が世界を認識する動作原理の解明にとても参考になると考えています。人間が現象をオブジェクトとその関係性としてとらえたり、その時間変化やロールを認識したり、タスクによってとらえ方が変わったりすることにも必然的な理由があるはずです。それをボトムアップでデータドリブンなアプローチで「やはりそのように世界をとらえることが合理的であった」と示すことができたらすばらしいと思います。

問い10　マルチエージェントは必要ですか？

答え10　あまり必要でないように思いますが、よくわかりません。

知能の仕組みの解明に、マルチエージェントの研究がどのように関連しているのか、一義的にはよくわかりません。一見すると少し遠回りをしているように思えます。

ただし、システムのあるレベルにおいての挙動と、別のレベルにおいての挙動が無関係であること、それがマルチスケールに発生することは、知能のメカニズムのような複雑なシステムの仕組みの解明や設計において、重要なビルディングブロックの一つであるのかもしれません。個体を保存する仕組みというのが、実はさまざまなレイヤーで存在しており、あるレイヤーが安定すると、次のレイヤーが立ち上がるようにも思います。そういったメタなレベルにおいて、マルチエージェントや複雑ネットワークといった研究の展開は興味深いです。

問い11　論理は必要ですか?

答え11　あまり必要ではありません。

昔ながらの記号に基づく推論は、先人のすばらしい洞察に基づく枠組みだと思いますが、今となっては、知能のメカニズムを解明することを目的とすると、行くべき道ではないと思います。ただし、なぜ論理的な推論が必要なのかということは、ボトムアップな、データドリブンなアプローチで解明されるはずであると思います。論理的な推論には、必ず存在理由があります。その先に、とても興味深い、新しい推論・論理の研究が広がってくるのではないかと思います。

問い12　ウェブやコミュニティの研究は必要ですか?

答え12　あまり必要ではありません。

私自身、たくさん研究しておきながら言うのも何ですが、知能の仕組みの解明という目的においては、直接的な貢献は大きくないかもしれません。というのは通常は、人工知能の定義で見たように、コミュニティや群としての知能は、除外する場合が多いからです。なお、武田英明氏のように、これを社会的人工知能として、知能の重要な一側面ととらえることもできます。

ただし、もう少し広い視野で考えると、コミュニティにおける概念や語彙の形成というのは、本来は個体の中における概念化のプロセスを、社会システムという別のレベルで行っていることに相当します。その実際上の効果や意義はとても興味深いです。ベンジオ[5]も最近の文献の中で、言語と概念のロバスト性について言及しており[Bengio 09, Bengio 13]、本質的には、コミュニティやインタラクション

5 — Y. Bengio

と知能の仕組みは密接に関係してくるのでしょう。また、武田英明氏が指摘するように、異なるレイヤーにおける主体として（端的にはドーキンス[6]のミームやステフィック[7]の知識メディアのレイヤーとして）、社会的知能に意識があるか、ウェブが現在進行形として、新たな知能の地平を開いているのではないかという議論も大変興味深いと思います。

6 — R. Dowkins
7 — M. Stefik

問い13　そもそも、人工知能とは何かという問いは、論じるに足るでしょうか？

答え13　はい。

溝口氏の回答は「いいえ」であり、その根拠には賛同します。そもそも研究者として研究対象を定義する必要はありません。私も以前、ウェブの研究で「ブログとは何か」、「『Web 2.0』とは何か」という不毛な議論をさんざん毛嫌いしてきました。定義をするということと、それが研究対象になるということとは全く別ですし、人工知能とは何かを議論することによって何かが変わるということでもありません。

一方で、そうは言っても、「それって何？」と聞きたいのが人間です。簡単に答えられないことを簡単に答える試みを怠れば、そこには悪い説明がまかり通ります。悪貨が良貨を駆逐します。おそらく、人工知能の深みを知らない人が、扇動的に人工知能を定義し語ってしまうでしょう。それに対して、我々は、言い尽くせないことを知りつつ、その問いが我々自身には大きな意味がないことも知りつつ、できるだけ多くの人に誤解が少ないように届けるべきだと思います。

問い14　人工知能学会とは何でしょうか？

答え14　人間の知能に限らず、人間の活動、認識、言語、身体、社会、知識などに関わるいまだ知られていない現象を明らかにしようという、国内で最もリベラルな学会です。

人工知能は「人工の知能を作る」ということを目標として掲げた学問分野ですが、人工知能ができていない以上、常に「自分が知っているものの外に正解がある」と考える性質、いわば青年性を本質的に内在する学問分野です。情報系の中でも、堅実な発展を遂げている他の分野と比較するとこの特徴は際立ちますし、このことは、文系、理系問わず、他のあらゆる分野の中でも極めて異質なのではないかと思います。

したがって、堀氏が書いているように、「学問の王様であるところの哲学と並べて、人工知能研究を論じるべき時がやって来たのかもしれません」し、全国大会に見られるように一見あやしげな（失礼）研究がたくさん並んでいるというのは、大変すばらしいことだと思います。本当に重要なものは、他の人がわからないものの中から生まれるのですから。「人間のような知能を実現する」という人工知能の本来の目標はそれはそれとして、人工知能学会はこれまでも、そしてこの先も、あらゆる知的な活動を極めて寛容に飲み込む、国内で最もリベラルなコミュニティであってほしいと思います。

参考文献

[Bengio 09]　Bengio, Y., *Learning deep architectures for AI (Foundations and Trends in Machine Learning Vol.2, No.1)*, pp.1-127, Now Publishers (2009)

[Bengio 13]　Bengio, Y., Courville, A., and Vincent, P., Representation Learning: A Review and New Perspectives, *IEEE Transactions on Pattern Analysis and Machine Intelligence*, Vol.35, No.8 (2013)

[ホーキンス 05]　J. ホーキンス, S. ブレイクスリー 著, 伊藤文英 訳,『考える脳 考えるコンピュータ』, ランダムハウス講談社 (2005)

第11章 実践AIからの知能

慶應義塾大学の山口高平先生は、エキスパートシステム、データマイニング、オントロジー、セマンティックウェブなど、記号処理畑を歩んできた研究者です。

第三次ＡＩブームを迎えた現在の人工知能は、探索型ＡＩ（ディープブルー）、知識型ＡＩ（ワトソン）、計測型ＡＩ（グーグルカー）に分けられ、タスクは限定的であるものの、それぞれの分野で人間を凌駕する勢いです〔**問い2**〕。従来のＡＩは、スタンバーグの鼎立理論でいう「分析知能」の自動化を試みてきましたが、今後は「創造知能」と「実践知能」の自動化を目指すことになります〔**問い3**〕。

第二次ＡＩブームを牽引したエキスパートシステムが廃れてしまったのは、知識を記述することの難しさと際限のなさが原因ですが〔**問い5**〕、企業内の知識継承ニーズの高まりを受け、あらゆる知識データを利用すべく、次世代の知識モデリング方法論を研究することは喫緊の課題だとしています。

また、データマイニングの成果を現実社会に取り込むには現場の理解が欠かせませんが、マイニングが提示するのは相関関係にとどまり、因果関係に踏み込んで解釈を施すわけではないので、現場担当者を説得するために、知識型ＡＩのさらなる発展が望まれると述べています〔**問い6**〕。

実践AIからの知能

山口　高平

はじめに

人工知能学会会長を務めた二〇一二年六月～二〇一四年六月までの二年間、人・組織・社会と人工知能（ＡＩ）の距離が縮まり、人文社会系の人々も交えて、さまざまな立場から「ＡＩとは何か?」という問いに対して議論していく必要があるように感じてきています。

著者は、実践ＡＩに興味を持っています。本章では、人の知能と人工知能を対比させながら、実践ＡＩの視点から、問いを設定し回答していく形で、著者なりのＡＩ観を述べてみたいと思います。

問い1　人工知能とは?

答え1　人の知的な振舞いを模倣・支援・超越するための構成的システムです。

ＩＡ（intelligence amplifier）はＡＩではないという意見もあるかと思いますが（解説もされていましたが）、私としては、ＩＡは人に寄り添うＡＩととらえ、ＩＡもＡＩに含めたいと思います。また、人が多様であるように、ＡＩも多様であり、抽象的で汎用的な議論はあまり建設的でなく、具体的な知的システムの構成をとおして、議論することが重要であると思います。

問い2　今、なぜAIブームなのですか?

答え2　一九六〇年代の盲目的期待からの第一次AIブーム、一九八〇年代のエキスパートシステムや国プロによる第二次AIブーム、そして、最近二〇年

間で、ハードウェア基盤（CPU高速）、データ基盤（HDD廉価とビッグデータ）、ネットワーク基盤（ブロードバンド）、ソフトウェア基盤（OSS）が飛躍的に進歩し、AI要素技術を統合したシステムが実問題で実行可能にできるようになるとともに、米国IT企業のAI研究開発投資も重なって、第三次AIブームが到来しています。

以下、AIの歴史を振り返ります。一九五六年八月三十一日[1]にAIの研究が始まって以来、紆余曲折がありながら着実にAIは発展し、現在AIは、一、探索型、二、知識型、三、計測型、およびその統合型に分類できます。

1 ― ダートマス会議最終日に故ジョン・マッカーシー教授（J. Mccarthy）が命名されたと、白井良明人工知能学会元会長が言われています。

探索型AIの代表格がチェス・将棋・囲碁で、人間と対戦するゲームAIです。チェスでは、一九九七年、IBMが開発したディープブルー（Deep Blue）が当時の世界チャンピオンに勝利し、将棋では、二〇一三年〜二〇一五年までの三年間、五人のプロ棋士と五種類の将棋ソフトが対戦するチーム戦が行われ、コンピュータの九勝五敗一分で、コンピュータが圧倒的に優勢です。囲碁は、チェスや将棋と比べて探索空間が圧倒的に大きいため、アマチュアレベルからプロレベルに進化するのは、相当の時間が必要と言われていましたが、二〇一五年十月、ディープラーニングとモンテカルロ法を融合したコンピュータ囲碁「アルファ碁（AlphaGo）」がプロ棋士に勝利し、プロ二段レベルに到達したと言われています。

知識型AIの代表格は、やはりIBMが開発したクイズAI、ワトソン（Watson）です。ワトソンは百科事典サイク（Cyc）、辞書、書籍、ニュース記事など二億ページの知識情報を構造化し、クイズに対して、数百の答え候補を生成し、それらの候補を得点づけして一位を答えとして返します。開発当初は、正解率は30％にも至らなかったのですが、過去のクイズ解答データを使って機械学習により正解率を80％以上に向上させました。そして二〇一一年二月、ワトソンは、米国人気クイズ番組「ジェパディ」のグランドチャンピオン二名に挑戦し、見事に勝利しました。現在、ワトソンはIBMの事業部門となり、医療分野などに応用されています。臨床医は手術で忙しく、論文を読む時間があまりありません。そんな臨床医のために、ワトソンは最新の医療論文から新しい知見を教えてくれます。日本においても、国立情報学研究所が、大学の入試問題を自動解答する東ロボくんの開発に取り組み、二〇一五年の進研模試のセンター模試では、私大四四一大学以上で、合格可能性80％以上のA判定を獲得し、受験関係者を驚かせました。

計測型ＡＩとしては、どのルートで掃除すれば一番効率的かを毎日学習するお掃除ロボット、ルンバ(Roomba)、そして、グーグル社が開発を進める自動運転車に大きな注目が集まっています。「グーグルカー」(Google self-driving car)はすでに公道で一〇〇万キロメートル以上を走行し、自らの過失による事故は皆無です。法的な整備が急務という問題はありますが、ある調査会社は、二〇三五年、完全自動運転車は新車販売台数の10％を占めると予測しており、このように自動運転車が普及していくとすれば、視覚障害者の方でも運転可能となり、また、交通事故を激減させ、世界の医療費を大きく削減できるでしょう、経済効果は多大です。スマートフォンがハード（入れ物）の競争からソフト（中身）の競争へと転換していったように、一〇年後、自動車の価値は、エンジンから車内アプリに推移し、車のハードに関わる利益率は激減し、世界の産業構造は根本から変わる可能性が出てきましたので、産業界から大きな関心が寄せられています。

以上のように、タスクは限定されますが、ＡＩは人の知能に迫ってきており、ＡＩと人・組織・社会の関わりを真剣に議論し、準備しないといけない空気が漂ってきたのが、今のＡＩブームの根底にあるような気がします。私が人工知能学会の会長を務めたこの二年間においてマスコミの取材を多く受けましたが、一年目は科学技術系の記者が多く、二年目は、経済社会系や産業系の記者が増加しました。ＡＩが社会性の高い学問に成長してきたことの表れであると感じています。

問い３　人の知能とは？

答え３　一様ではなく多様です。したがって、一概に「～である」とは答えにくいで

す。

以下、発達心理学の知見を紹介しながら、人の知能について議論しましょう。

ガードナー[2]は、多重知能説（MI：multiple intelligence）を提唱し、人の持つ多様な知能について議論しています。図11・1がその模式図ですが、人は、言語的知能（言葉の表現と理解：例えば作家）、数理的知能（数学、論理的分析：会計士）、対人的知能（他者の意図推定、人間関係構築：優秀な営業担当者）、個人内知能（省察能力、人格の中心的役割を担う）、音楽的知能（作曲、演奏：作曲家、演奏家）、空間的知能（空間把握：パイロットやデザイナー）、身体知能（運動：アスリート）という七種類の知能を持ち、それらを有機的に連携させ、活動していると提言しています［鈴木 08, 金井 12］。

ロバート・スタンバーグ[3]は、IQ（知能指数）が予測できる知的能力の範囲はかなり限定的であり、現実世界の具体的問題にうまく対処する能力として実践知能（practical intelligence）を提唱しています。実践知能は、日常生活の現実問題を解決する能力であり、机上の問題解決とは異なります。実践知能の典型例を以下に示します。ゴミ収集では、作業員が収集車から家の玄関までゴミ容器を取りに行き、元の場所に戻す必要があるため、通常は二往復しなければなりませんが、ゴミ容器の規格を統一して使いまわせるようにしておけば、ゴミ容器を交換するだけなので、一往復で済むことを考案することが実践知能の例です。また、実践知能の測定方法として、例えば、「あなたの部下Aの部下Bから、あなたに直接面談が申し入れられ、Bにとっての上司（あなたにとっての直属部下）Aの苦情が寄せられたとき、あなたはどのように対処しますか？」という問題に対して、一〇の選択肢が設けられ、各選択肢の適切さを七段階で評価させます。選択肢は、一、Bの直属の上司Aに面談させ、自分はBに会わない。…八、指揮命令系統を無視したBを叱責する。九、あなたが尊敬する年長者に相談する。十、この問題を自分の助手に任せる。などです。答えが一意に決まっているIQテストとはかなり異なりますが、現実問題は、このように答えの定まらない問題ばかりであり、それらの問題にうまく対処していける人が、実社会で成功していくとしています。事実、スタンバーグの考案した実践知能検査をある大手

2 — H. Gardner

3 — R. Sternberg

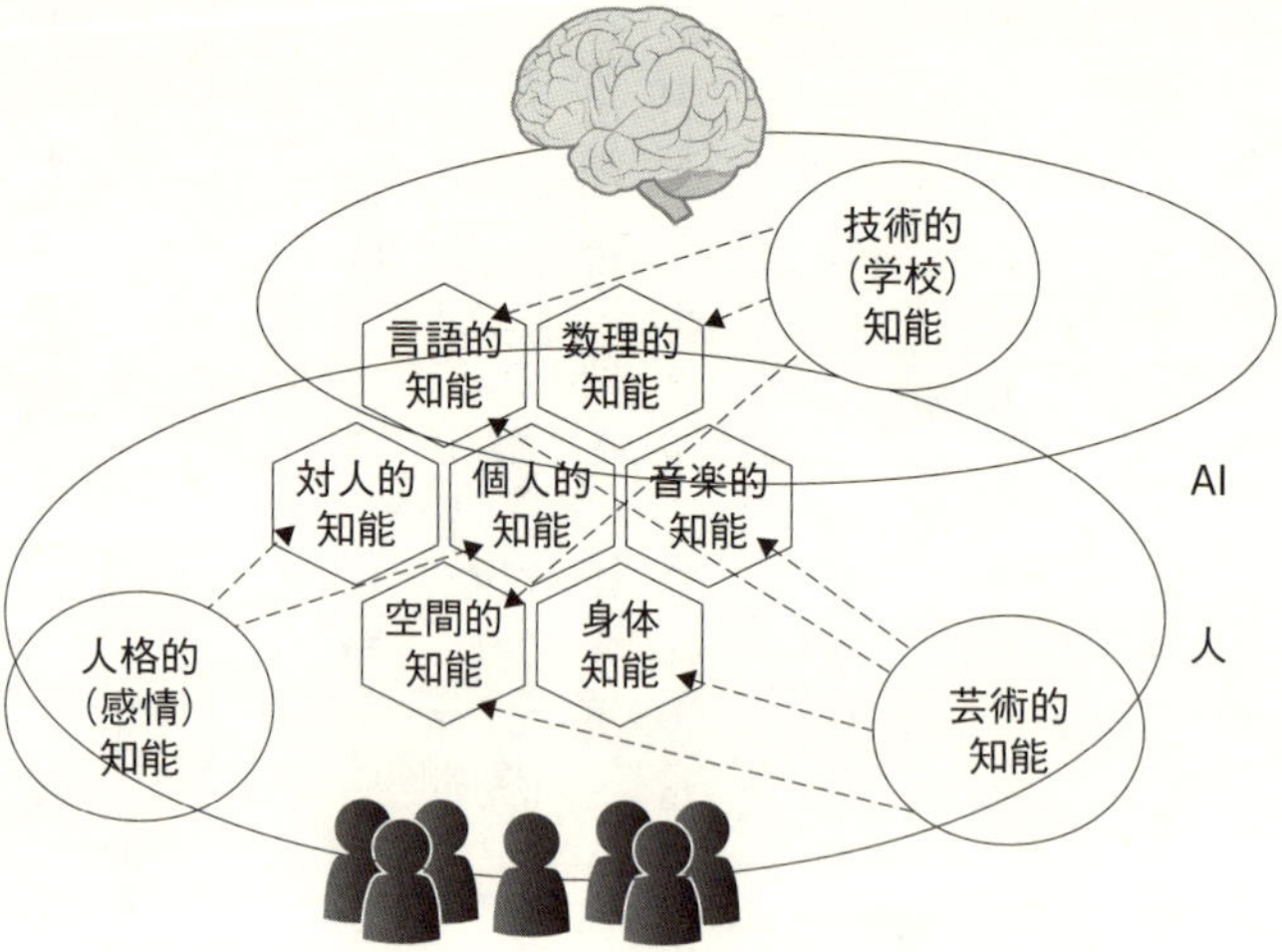

図 11.1　ガードナーの多重知識

銀行の支店長陣に実施し評価したところ（経営陣が彼らの回答を評価）、この実践知能検査得点と従来の言語知能と数理知能を測定した知能検査得点（ＩＱ）の間に、有意な負の相関（マイナス０・３前後）が認められました。これは、ＩＱの高い人は、日常生活の現実問題の解決は不得手であることを示唆しています。

暗黙知を提唱したポランニー[4]は、主体が仮説を持って能動的に外界に臨むことが重要であり、それをコミットメント（commitment）と呼んでいます。暗黙知は、主体と外界のインタラクションであり、仮説の生成と検証が繰り返され、答えが動的に生成されていくプロセスとされますが、実践知能の考え方と共通部分が多くあります。スタンバーグは、この実践知能の分析をさらに発展させて、成功知のための鼎立《ていりつ》理論という理論を提唱しています。鼎立理論は、人の知能は、分析知能、創造知能、実践知能という三つの知能から構成され、これらの知能をバランスよく組み合わせることで、社会的に成功するために必要な知能である成功知（successful intelligence）を獲得できるとし、成功知を獲得するために核となる知能が、分析知能と創造知能を利用しながら行動を決めていく実践知能だと説明しています［スタンバーグ98］。すなわち、分析知能は必要ですが、それだけでは前には進めないという意味で不活性知能であり、その一方で、創造知能とは、リスクを考慮しながらも一歩踏み出そうとする活性知能であり、この二つの知能を適切に調整制御し、現実世界に適応する知能が実践知能であるとしています。

ＡＩの研究は、従来、分析知能の自動化を試みてきたと言えますが、今後、創造知能と実践知能の自動化を目指すことがＡＩチャレンジになっていくと思います。

問い４　八〇年代に流行したＥＳ（エキスパートシステム）の意義は何だったのでしょうか？

答え４　社会に貢献した最初の実践型ＡＩであり、ＡＩの一学門領域である知識工学を誕生させました。

図11・2にＥＳの構造を示します。知識エンジニア[5]が専門家にインタビューし、専門家の持つ専門知

4 — M. Polanyi

5 — 現在、この職業名は聞かなくなりましたが消失したのでしょうか？

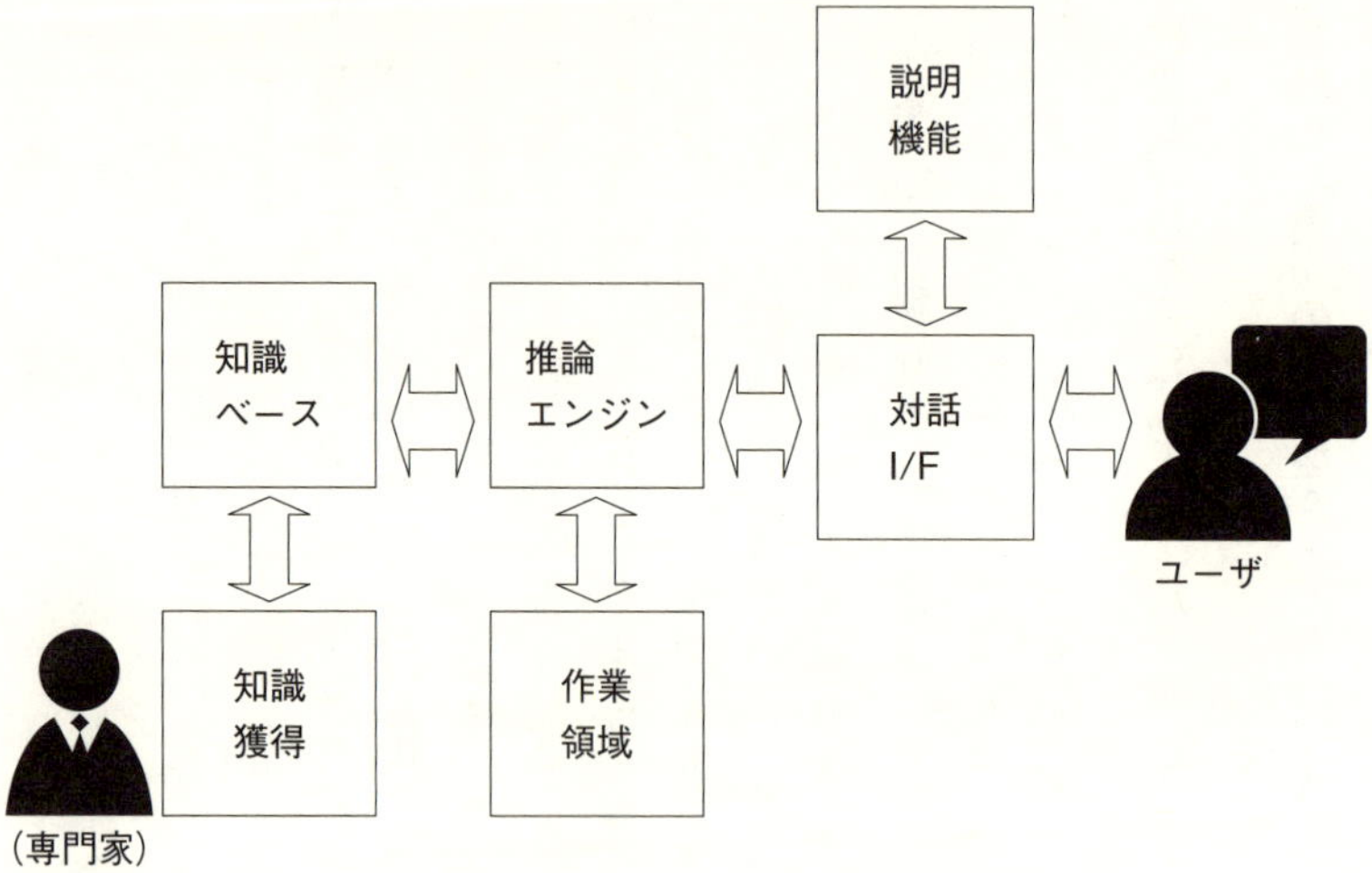

図 11.2　エキスパートシステムの構造

識を「if-then」形式のルールで表現し、ＫＢ（知識ベース）として実装します。ＥＳでは、対話Ｉ／Ｆ（インタフェース）をとおして、例えば、ユーザがＥＳに「エアコンが故障して部屋が冷えない。どこが故障？」と尋ねると（エアコンのセンサーデータなどが作業領域に保存されていると仮定して）、推論エンジンが作業領域とルール条件部を照合し、照合可能なルール結論部を実行して作業領域を更新するという、「照合」、「実行」、「更新」を、結論が得られるまで繰り返し実行していきます。九〇年代の調査では、世界中で五〇〇〇（米国三〇〇〇、欧州一〇〇〇、日本一〇〇〇）程度のＥＳが、故障診断やスケジューリングなど、さまざまな実問題で開発され稼働したと報告されました。そういう意味では、ＥＳは社会に貢献した最初のＡＩと言っていいと思います。

また、人が理解できる知識をコンピュータで処理できるように表現して、その知識を利用（推論）して、新たな知識を獲得していくという、知識の表現と利用と獲得を研究する「知識工学」というＡＩの一分野を誕生させ、画像・音声・テキスト理解システムなど、さまざまな知識システムの研究開発の契機になったシステムがＥＳであったという学問的意義もありました。

問い5　そのような意義のあるESはなぜ衰退したのですか？　また、今、振り返って、ESの意義は何だったのですか？

答え5　知識には、暗黙的で主観的な知識も多く含まれており、KBの開発維持コストはかなり大きいことが明らかになってきたために、ESは衰退していきました。人の持つ知識は、幅広く、奥深いものです。知識のある断片をとらえたif-thenルールだけで動作するESは、さまざまな場面で対応できない脆弱なシステムであり、状況変化に弱いという批判が出たこともありました。ただ、ESというプロダクトではなく、ES開発の知識獲得プロセスに目を向けると、このプロセスの支援・自動化は、実践知能の自動システム化につながるものであり、今なお、AIチャレンジになります。

前述した、専門家にインタビューしてKBを開発するプロセスは、実際は、専門家と協力しながら、暗黙的で主観的な知識を外在化させる大変骨の折れる作業であり、知識獲得ボトルネックと呼ばれるようになりました。また、KBを維持拡張させていくことも大きなコストを要する作業であることが判明し、知識維持ボトルネックと呼ばれ、ESは「B by C」（Benefit by Cost）が低いプロダクトであると認識され、現在、ESはほとんど開発されていません（実はBRMSという形で復活していますが、その点については文献[森田14]を参照してください）。

AIシステムが取り扱える知識について考えると、if-thenルールは、知識のある断面をとらえたものであり、多くの常識や事例知識などがその背後にあり、有機的に関わっています。専門家の問題解決は、ルールの連鎖により解が導かれるという単純な演繹推論ではなく、新しい現象に出会えば、過去の経験や常識などを総動員して、新しい仮説を立てて検証してみるという、創意工夫があるのであり、前述した分析知能ではなく、実践知能なのです。

常識の表現と利用と獲得については、今もなお、AIの重要課題であり続けていますが、米国の長寿クイズ番組「ジェパディ」のグランドチャンピオンに挑戦し勝利したIBMのクイズAIワトソンが一つのブレイクスルーになりました。ワトソンでは、出題されたクイズに対して、オントロジーを利用してアンサータイプを決め、タグづけされた二億ウェブページの情報を利用しながら、数十種類以上のAI要素技術が実行され、数百の解候補を生成し、さらに、別の数十種類のAI要素技術がそれらの解候補群を得点づけし、一位となった候補を解として答えます。当初、正解率は30％未満でしたが、機械学習により、その正解率は80％を超えるまでになり、人間のグランドチャンピオンに勝利しました。実は、この成功した実践ディープQAチャレンジのワトソンは、成功とは言えなかったPIQANT（practical intelligent question answering technology）というQAチャレンジの反省から始まっています。PIQANTがサイクを常識知識ベースにしたのに対し、ワトソンは、サイクに二億ウェブページを関連づけた常識知識ベースとし、新しい出来事に関する質問にも回答できるようになり、サイク（一九八四年〜）→PIQANT（二〇〇三年〜二〇〇六年）→ワトソン（二〇〇六年〜二〇一一年）と、四半世紀かけて、常識知識ベースを成長させてきた知識システムの一つの結実ともとらえることができます。

一方、専門知識の表現と利用と獲得についても、一面的ではなく多面的にとらえる必要性を感じています。というのは、近年、いくつかの企業から、KM（知識継承・知識管理）のAIシステムの研究開発依頼が増えており、特に、インフラ建設土木現場では、経験豊かなシニアの社員が退職されていくにもかかわらず、若手人材が不足するという厳しい現実背景があり、かなり切実な相談依頼です。KMのシステム開発には、専門家へのインタビューだけで総計一〇〇時間を超えることも珍しくなく、再度、知識獲得ボトルネックを体験しているとも言えます。無口な専門家もいれば、雄弁に、時に過大に経験を語る専門家もいて、インタビュー当初は戸惑うことが多いのですが、経験談が蓄積され、それらを汎化して、「結局、言われていることはこういうことですか？」と専門家に尋ねると、「そうではない。いや、そういう見方もあるか⁉」というような、知識のキャッチボールというコミュニケーションが進み始め、経験知識が汎化知識に変換されていきます。

現在、図11・3のような高速道路設備の保守業務知識の獲得を進めていますが、設備点検業務知識継承システムを開発した時点で、業務担当者が集合し、システムの評価会を開催しました。その結果、現場の判断を反映した if-then ルール、点検業務撮影動画、設備写真など、個別業務知識やマルチメディアの評価が高く、時間をかけて外在化した、一般化された業務フローの評判があまり良くなかったのです。設備点検では、業務知識が設備と一体化・固有化しており、設備と関連づけられた業務固有知識と情報の提示が、業務担当者にとって有用だと判断されたと言えます。ただ、上長だけが、一般化されたレベルで記述した業務フローに興味を示してくれました。「私は長年、さまざまな設備点検を経験してきたので、具体的な知識や情報にはあまり関心はないのですが、一般レベルの業務フローは、今までの体験を集約化したようなものであり、点検業務全体の見直しを考える上で参考になります」というコメントが寄せられました。

発達心理学では、専門家の熟達化過程が五段階でモデル化されており、初学者（beginner）、初心者

図 11.3　高速道路設備

(novice)から、ルーチンエキスパート(routine expert：マニュアルレベルであるが、ミスなく手際よく処理できる専門家)、アダプティブエキスパート(adaptive expert：初めての状況でも過去の経験から対応できる専門家)、クリエイティブエキスパート(creative expert：創意工夫により、新しい知識を生み出していく専門家)と熟達化が進んでいくとされます[ジョーンズ01]。前述の評価会では、参加者のほとんどが初心者かルーチンエキスパートの段階であり、現場に密着した具体的知識が歓迎されたのに対し、クリエイティブエキスパートに到達しつつある上長が、体系化した汎用知識の重要性を見抜いたと言えます。

ＳＨＲＤＬＵを開発して一九七〇年代の自然言語理解をリードしたテリー・ウィノグラード[6]が、一九八〇年代には閉じたＡＩに見切りをつけ、コンピュータ支援によるデザイン論を展開し、問題領域の「もの」と「こと」をどのように解釈するかという、内省的な存在論的デザインを提唱し、知識獲得過程は、知識の創造的デザイン活動であると指摘しています[ウィノグラード89]。

前述したようにif-thenルールは多様な知識の一側面にすぎないので、それだけで知識システムを構成すれば、脆弱性がすぐにあらわになります。人の持つ知識は多様なのです。そのことを心に留め、ルール、業務フロー、ゴール木、オントロジー、リンクトデータ(linked data)、つぶやき、音声、静止画、動画など、あらゆる知識データの利用を見据えて、次世代の知識モデリング方法論を研究することは、ＡＩチャレンジであり、社会からの緊急の要請でもあります。

問い6　ビッグデータにAIが貢献できる点は何ですか?

答え6　マイニングで貢献できますが、モデリングで貢献しないと、憂鬱は去らないです。

二〇〇〇年前後、データマイニングブームが到来しました。大量データを分析すれば、価値ある情報が見つかるという期待で、今のビッグデータと背景は近いように感じます。データマイニングの処理過程は、大きく、データ前処理(洗浄、属性追加・選択など)、マイニング(機械学習、統計処理アル

6 — T. Winograd

ゴリズムの選択）、データ結果後処理（マイニング結果の評価）という三過程に分かれ、その開発コストは、現場からは5：1：4〜7：1：2という意見が多く、前処理と後処理がポイントになっています。これは、どういうことでしょうか？　マイニングと言いながら、マイニング過程は、ソフトライブラリが充実し、さまざまなマイニング手法を自動的に適用すれば済むという状況になり、いわば、コモディティ化されて、コストがかからないのです。一方、前処理での属性選択・生成は、問題のモデリングそのものであり、試行錯誤的に実施せざるを得ないため手間がかかります。また、後処理は、業務担当者がそのマイニング結果を採用するかどうかという話であり、現場ではリスクを伴う決断です。

十数年前、サッカーデータマイニングを経験し（図11・4）、勝ちパターン（勝つための攻め方のパターン）をマイニングし、その結果をコーチに見せたところ大変喜んでもらえましたが、選手には歓迎されませんでした。「こんなの、自分たちのプレースタイルじゃないよ」と一蹴されたのです。「でも、客観的には、これが勝ちパターンなんですが」と食い下がりましたが、全く相手にされませんでした。現場では、「主観」と「客観」の対立があり、慣習や業務の擦合せをしないと、客観（マイニング結果）は主観（担当者の意見）に負けてしまい、「データマイナーの憂鬱」という言葉さえ生まれました。

しかしながら、ネットベンチャーにおけるビッグデータマイニングでは、様相が変わってきたことも事実です。例えば、オンラインゲームなどを提供するネットベンチャーでは、データサイエンティスト（データマイナー）がゲームクリエイターと対等に意見交換するといいます。場合によっては、ゲームクリエイターを超えるときさえあるといいます。客観が主観に勝るのです。例えば、集客数ＫＰＩ（key performance indicator）が落ちたとき、過去のマイニングパターンに基づいてゲームシナリオを変更し、その結果、集客数が増えればデータサイエンティストの意見が採用されるのです。この話を初めて聞いたときは、データマイナーの幸せな世界が登場してきたと感じました。

ただ、リアル企業の状況はさほど変わりません。オフラインでは、現体制を容易に変更はできないので、現場担当者が納得しなければ、データサイエンティストの意見は採用されないのです。決定権を持っているのは、あくまで現場担当者です。データサイエンティストがいくら高精度で客観的な分析結

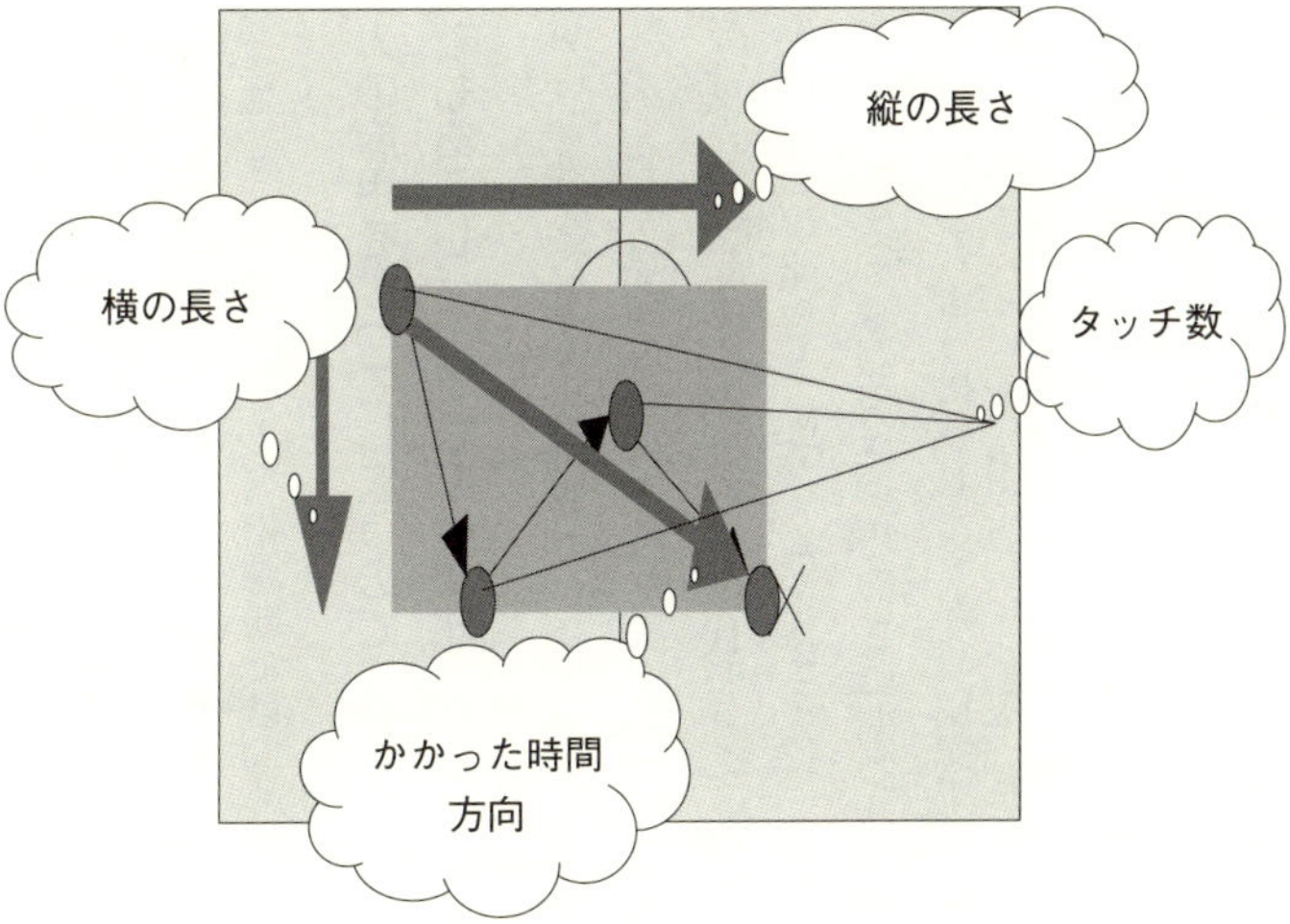

図 11.4　サッカーデータマイニング

果を提示しても、現場担当者の主観が優先されるという事態は変化していません。マイニングは、潜在する相関関係を外在化するのであり、因果関係を提示しているわけではないのです。人は幼児期に、「お月様は、今は大きくてオレンジ色だけど、どうして、白く小さく変わってしまうの？」など、大人を質問攻めにして、大人が答えをちょっとはぐらかすと、因果関係から鋭く攻撃されることがありますが、これは、幼児期から、人は因果に関する説明を求めるという生来の性質があるからとされます[ゴズワミ03]。このように、相関関係だけでは人は腑に落ちないのです。相関関係から因果関係を再解釈する必要があり、これは、ビッグデータの課題ではなく、知識型ＡＩチャレンジと言えます。

問い7　ＡＩは人の雇用を奪ってしまうのですか？
答え7　イエスでもあるしノーでもあります。

最近、マスコミから一番多く受ける質問です。さまざまな視点があるかと思いますが、本質問に対しては、オックスフォード大学から発行された論文「The Future of Employment」が大変参考になります[Frey 13]。ここでは、コンピュータに取って代わりやすい職業とそうでない職業が議論されています。コンピュータ化が難しい能力として、「Dexterity」、「Creativity」、「Social Intelligence」の三つの能力が示されています。Dexterityは器用さ、巧みさに関わる知覚的側面であり、Creativityは創造性と訳すと、一部の限れた人の能力のように感じますが、創意工夫により日常業務にうまく対応できる能力であり、Social Intelligenceは、相手の立場に立って物事を理解したり、その人がいるだけでまわりが明るくなるような人格的要素です。この結果、コンピュータ化が最も難しい一位の職業が、セラピストになっています。二〇位に小学校教師が入り、ミドルスクール（middle school）の教師はそれより下位になっています。これは、専門的な知識を教える仕事のほうがＡＩ化は容易であり、児童が理解できていないことを表情から読み取り、興味に応じて絵や道具を巧みに使って教えるような仕事はＡＩ化が難しいということを意味しています。99％コンピュータに置き換わるとされた職業には、電話による商品販売や保険販売などが挙げられています。

『機械との競争』［マカフィー13］の著者であるアンドリュー・マカフィー[7]は、インタビューで、「良い税計算ソフトが発売されたために、複雑な所得税の申告もネットでできるようになり、そのソフト開発会社は大いに儲けたが、数年前と比べて、会計士・税理士の需要は八万人も減った」と語っています。[8] しかしながら、創意工夫して経営コンサルを営んでいる会計士・税理士は生き残っているはずです。「Dexterity」、「Creativity」、「Social Intelligence」を高めていく、あるいは、分析知能はＡＩに任せ、ＡＩをうまく利用して、スタンバーグの言う創造知能や実践知能を高めていけば、ＡＩに雇用を奪われる心配はないでしょう。そしてさらに、分析知能はＡＩに任せ、ＡＩをうまく利用していくことが現実になっていく日もそう遠くないと感じます。

7 ― A. McAfee

8 ― http://toyokeizai.net/articles/-/13126?page=2

おわりに

人の知能とＡＩを対比させ、特に、知識の多様性に力点を置きながら、思うところをつらつらと述べました。

ＥＬＳＩ（ethical, legal and social issues）という言葉があります。これは、技術課題を倫理、法律、社会的な見地から検討することであり、すでにゲノム研究では、ＥＬＳＩ委員会を立ち上げるケースが多いと聞きます。人・組織・社会と関連性が高まってきたＡＩシステム開発においても、近い将来、ＥＬＳＩ委員会を立ち上げるときがそう遠くないのかもしれません。

参考文献

[Frey 13]　Frey, C. B. and Osborne, M. A., *The Future of Employment: How susceptible are jobs to computerisation?*, Oxford Martin School (2013)

［ゴスワミ 03］　U. ゴスワミ 著，岩男卓実，古池若葉，中島伸子，上淵寿，富山尚子 訳，『子どもの認知発達』，新曜社 (2003)

［金井 12］　金井壽宏，楠見孝 編，『実践知——エキスパートの知性』，有斐閣 (2012)

［スタンバーグ 98］　R. J. スタンバーグ 著，小此木啓吾，遠藤公美恵 訳，『知脳革命——ストレスを超え実りある人生へ』，潮出版社 (1998)

［マカフィー 13］　E. ブリニョルフソン，A. マカフィー 著，村井章子 訳，『機械との競争』，日経 BP 社 (2013)

［森田 14］　森田武史，山口高平，業務ルール管理システム BRMS の現状と動向，『人工知能学会誌』，Vol.29, No.3, pp.277-285 (2014)

［ショーン 01］　D. ショーン 著，佐藤学，秋田喜代美 訳，『専門家の知恵——反省的実践家は行為しながら考える』，ゆるみ出版 (2001)

［鈴木 08］　鈴木忠，『生涯発達のダイナミクス』，東京大学出版会 (2008)

［ウィノグラード 89］　T. ウィノグラード 著，F. フローレス 著，平賀譲 訳，『コンピュータと認知を理解する——人工知能の限界と新しい設計理念』，産業図書 (1989)

ドワンゴ人工知能研究所は次世代への贈り物となるべき汎用人工知能の実現を目標として設立されました。人間の脳を参考とする「全脳アーキテクチャ・アプローチ」をもとに、特定の機能に特化したＡＩではなく汎用型ＡＩの実現を目指しています。その所長を務める山川宏先生は長らく富士通研究所の研究員として、認知アーキテクチャや概念獲得、ニューロコンピューティング等の研究をしてきました。

あらゆるシステムのエントロピーは放っておくと増大します。山川先生は、構造を存続させるために負エントロピーを獲得するサイクルこそ知能であると考え、食物を獲得し、繁殖し、さらに、捕食者から逃れるのも、周囲に働きかけて自らコントロールできる範囲を拡大・推定するのも、広い意味で知能の働きであると述べています〔**問い1**〕。

ディープラーニングは、学習アルゴリズムが自力でシニフィエ（意味される内容）を獲得できた点で優れた成果ですが〔**問い4**〕、アルゴリズムの操作に適した内部構造を持たないため、構造化された表現とは言えないとしています〔**問い5**〕。

「技術的特異点は、より高度な計算機知能を作るシードＡＩができたときにやってくる」と山川先生。人工知能システム自身がトレーニングを通じてレベルアップするか、人工知能をプログラミングする研究者を人工知能として作るか（自動プログラミング）、二つの方法があると指摘しています〔**問い15**〕。

物理学科出身者が考える人工知能とは

山川　宏

問い1　知能とは何ですか?

物理世界においてはエントロピーが単調に増大するので、広い意味での知能としては、構造を存続させるために負エントロピーを獲得するサイクルと考えられます。生物が長い時間を超えて、ある種の構造もしくは情報を存続できている様は、動的平衡状態としてとらえられることもあります。動物は生存し続ける情報や構造を維持するために、食物を獲得し、繁殖し、捕食者から逃れるように振る舞いますが、これは遺伝子の支配を受ける表現形でしょう（これは松尾氏の立場にも近い）。

より多様な環境において構造を維持できれば（つまり汎用であるほど）、その構造を存続できる可能性が高まります。一方で、汎用的な知能を発現させるには、多様な情報を扱うための複雑な構造を備える必要があり、それが逆に多くの負のエントロピーを要する弱点となります。生物が生存できる可能性は環境に大きく依存し、高度な知能が必ずしも有利とは限りませんが、知的能力のスペクトルを幅広く保つことは、集団全体として存続できる可能性は高まるでしょう。

生物にとって制御や推定を行いうる範囲を拡大する能力が知能であると見なすこともできます。なぜなら、エージェントとしての動物は自己に関わる外部世界をできるだけ正確に把握し、思いどおりに制御できれば、自身の欲求を充足して、先に述べた意味で生存率を高めうるからです。さらに考えると、ものごとを自在に制御できるということは、思いどおりに動かせるような働きかけ方を推定できるということです。よって制御可能性は推定可能性に還元できます。特定のエージェントにおいては直接制御できるアクチュエータは限られますが、エージェントは世界の摂理を理解することを通じて、広く影響力を及ぼしうる存在になります。

そこで狭義の知能は、直接的に観測しないで、何らかの対象についての情報や状態を推定する仕組みと考えることもできます。つまり直接観測できない未来の状態、隠されている状態、知識を組み合わせないと到達できない状態や結論を推定する仕組みです。

まとめると、推定能力としての知能が、エージェント周辺の環境における推定可能性と制御可能性を高め、それがエージェントの生存に結びつく欲求を実現することで情報や構造の存続を支えるのです。

問い2　構造化された表現とは何ですか?

ここでは、アルゴリズムの操作対象となりうる明確な内部構造を持つ表現のことを「構造化された表現」と呼ぶことにします。前記の「推定能力としての知能」を実装するためには、推定の対象についての何らかの構造化された表現と、その上での知識を用いた推定処理が必要です。これはデビッド・マー[1]が述べた計算論的神経科学の三階層における第二層に位置づけられた「表現とアルゴリズム」です。

構造化された表現の単純な例は、計算機言語で利用される名義変数、離散変数、連続変数などです。また帰納推論のためには関係データ（エクセルシートのように、同一の関係を持つ複数のケース／イベント／レコードが列挙された形式）という構造化された表現が用いられます。

問い3　意味論とは何ですか?

意味論は、外部のシステム（一般にはヒト）が構造化された表現上の概念（シニフィエ）に対するシニフィアンの対応づけでしょう。[2] 例えば計算機プログラム上においては、整数型は構造化された表現であるのに対して、そこに付与された変数名はシニフィアンです。

1 — D. Marr

2 — シニフィアンとシニフィエは言語学の用語です。シニフィアンは概念を指し示す記号、文字、音声で、英語と日本語では大きく異なります。対してシニフィエは指し示される意味内容です。

問い4　シニフィエ概念の獲得（ディープラーニングの表現獲得）とは何ですか？

人工知能にとってのディープラーニング（深層学習：deep learning）の大きな成果は、データを利用する学習アルゴリズムによって、ヒトが明示的に意味（シニフィアン）を与えずとも、外部のヒトが解釈しうるシニフィエ概念を自力で生成できた点にあります（少なくとも視覚的物体認識において）。つまりシニフィエ概念獲得は、外部観測者である人の認知構造に類似した概念を生成する能力です。

一般的に言えば、任意の認知機構を備えた外部観測者を仮定しうるので、それを反映した概念を獲得することは難しいです。しかし、観測を行うヒトの認知構造自体が知能の発揮に向くように設計されているため、一般性の高い事前知識（単純さ、連続性、スパース性等）を導入した学習アルゴリズムによりヒトと同様なシニフィエ概念獲得ができたと考えられます。

問い5　構造化された表現の獲得とは何ですか？

あらゆるアルゴリズムは、あらかじめ構造化された表現を定めた上でなければ動作できません。よって構造化された表現の獲得は、結局のところ、より一般的な表現に制約を与えて表現を特化させることになるでしょう。特化した表現が、外部から得られたデータに基づく制約を反映しているという点からは、それ自体が外部世界についての知識の一種と見なせます。それゆえタスク領域に特化した構造化された表現は推論のための計算コスト削減に寄与しうるのです。

現段階では、ディープラーニングで得られたシニフィエ概念は、操作に適した内部構造を持たないため、構造化された表現を獲得したとは言えません。よって、得られた概念を構造化することは今後の研究課題となりますが、ベースとなる概念すら獲得できなかったディープラーニング以前と比べれば技術的なハードルは下げられたでしょう。[3]

3 ― 構造化された表現の自動獲得は、時にタスクに応じて利用する情報を限定しうるため、フレーム問題の解決にも関わります。

問い6　知識とは何ですか？

知識は、主に何らかの推定対象に対する構造化された表現、その上で記述された概念、さらにその概念に与えられた意味論であると考えられます。さらにメタ知識は推定処理を記述の対象ととらえた場合の知識であり、推論効率の向上などに役立ちます。こうした知識については、エキスパートシステム等のようにヒトが記述する場合もあるし、データマイニングでのルール抽出のように学習で獲得される場合も多いでしょう。

ヒトが読み解くことを前提とした知識であれば、表現が強く構造化されている必要はなく、その知識記述に重要なことは意味論となります。例えば、自然言語では文法的な曖昧さがあってもコミュニケーションに差支えがないことが多い。逆に、アルゴリズムで扱うための知識は構造化された表現上における値間や概念間の関係として蓄積されることになります。なお、意味論を伴いつつ操作を定義できる構造化された表現はしばしば数理モデルと呼ばれ、問題領域に依存した有用性の高い知識と言えるでしょう。

問い7　記号接地問題とは何ですか？

記号接地問題は、シニフィアンとシニフィエ間の関係性を成立させる問題と見なせます。これを解決するには、（アルゴリズムで扱いうる）構造化された表現上における概念の連なりとして知能システムを構築しなければなりません。そのためには、知能システムが扱うさまざまなモダリティの情報から抽象化された概念が得られ、そうした概念が統合される必要があります。

いずれ、人工知能が人手を離れたシステムになれば、制御や意思決定のためにはヒトがその内部の表現を理解し説明する必要はなくなり、シニフィアンを消し去っても動作することになります。[4] 逆に言えば、現状では異なるモダリティの情報の橋渡しなどのさまざまな場面でヒトの助けを借りる必要があり、このために意味論が必要であると考えられます。

4 ― 人間社会で活動するＡＩシステムでは、しばしば人がその挙動を理解する必要が生じ得ます。

問い8　人工知能とは何ですか？

問い1で述べたさまざまなレベルの知能のいずれであっても、計算機を用いた実装が可能と考えられます。そこで、それを計算機知能と呼ぶことにします。そしてヒトが直接／間接的に設計する場合を人工知能と呼んでもよいのではないかと思います。人工知能の一部に機械学習や進化が含まれる場合には、そうしたシステムの一部は学習するデータや環境に依存し、すべてヒトが設計したとは言えませんが、それは学習／進化の枠組みをヒトが設計しているという意味で人工知能と呼んでもよいと思われます。

しかしこれは程度問題であり、いずれは計算機知能だけの手によって計算機知能を改良／製造するサイクルが発生します。こうした技術的特異点後においては、ヒトの設計に基づく計算機知能は性能的に劣るため、人工知能は（日曜大工的なニュアンスで）趣味の一分野の名前になるでしょう。

問い9　知能を発揮しうる環境とは何ですか？

知能は基本的に、過去の経験から帰納推論によって規則性を見つけ出し、それらを組み合わせることで複雑な問題を解決する能力を発揮すると考えられます。よって、知能を発揮しうる環境中には、少なくとも部分的に見れば時間的に安定もしくは規則性を持つ必要があります。不安定かつ複雑な対象に対して知能を発揮することは困難である一方で、安定かつ単純な対象に対しては定型的な処理を行えばよく、あえて知能と呼ぶほどの情報処理は必要とされません。我々の住む世界は、しばしば組合せによる複雑さを含み、何らかの知能の発揮に適した側面を持つと考えられます。

問い10　計算リソースの時間管理とは何ですか？

もし知的システムが無限の計算リソースを持つならば、課題に関わるすべての材料がそろった後にすべての経験からあらゆるアルゴリズムを利用して予測することができます。しかし、当然ながら現実には、計算リソースは有限であり、なおかつ材料がそろってから結果を導くまでの時間は限られています。そう考えれば、知的システムが長寿であるほど、特定の課題に関わる材料が出そろうよりも前に、課題に役立ちそうな計算処理を前倒しして行うことで複雑な問題に対処できるようになります。

そこで環境における安定な知識（概念や表現）を事前に獲得する処理が学習です。学習においても時間的な階層性を想定できます。常に学習を行うことで安定した知識を増やし続けることは有用です。着目すべき効果的なシナリオは、早期の学習で得た知識（例えば構造化された表現に対する制約）を、それ以降の事前知識として利用することで学習の探索空間を削減できる場合です。ここではこれを段階的学習と呼びます。

一般に、将来役立つ知識を予想するのは難しい問題ですが、この種の高度な知能はこの問題を解決し、あらかじめ何を学習すべきかをも決定する必要があります。少々、抽象的に言うならばこれは、異なる時間スケールにおける外部世界における手がかりに対する学習スケジュールを管理する能力とも言えます。

問い11　汎用的な知能とは何ですか？

現状において実用的な人工知能は、特定のタスク領域向きに設計された特化型人工知能です。これはタスク領域ごとに安定した知識（領域常識）が存在する事実を反映しており、むしろそれがタスク領域の定義になっているとも言えます。未知のタスク領域に自律的に適応する必要がなく、設計者が領域常識を理解していれば明らかに特化型人工知能が性能的に有利です。

逆にヒトのように経験を積むことで多様なタスク領域に対応できる汎用人工知能は実用化されていません。こうした汎用的な知能を実現するためには、特化型人工知能が行う機械学習に先行して領域常識をデータから獲得する、領域常識学習とでも言うべき技術が必要になります。つまり特化型人工知能で設計していた領域常識を、学習で獲得できる人工知能が汎用人工知能です。

汎用人工知能のキーテクノロジーとなる領域常識学習には、以下の三つの性質が付随することが多いでしょう。一つ目は、先行して獲得した領域常識が、引き続き領域内での学習を加速することから、前述した段階的学習の性質を持つことです。二つ目は、タスク領域ごとにそこでの推論を支える知識を記述する構造化された表現が特定されることが多くなるために、結果として、構造化された表現の学習となりやすいことです。三つ目は、領域常識学習は多くのデータを必要とするため、一般的に手がかりの得にくい教師信号や報酬信号を要しない、教師なし学習、つまり環境についての学習となりやすいことです。

なお領域常識はしばしば、設計者であるヒトにとっては極めて自然な知識です。例えば、初期的な画像処理や音声処理における不変性や、ゲームにおけるルールに直結した知識構造であったりします。しかしながら、人が明示的に記述しにくい暗黙的な領域常識が有効な場合には、汎用人工知能の備えた領域常識学習の優位性が性能面でも顕在化すると思われます。

問い12　意識とは何ですか？

意識という言葉が表すものも必ずしも一定しているとは思えませんが、私が想定する意識とは、脳内の情報表現がコピーできないことに由来する、ほぼシークエンス的な注意のようなものであると考えています。

ディープラーニングの学習結果と似ており、大脳新皮質においては、例えば「猫」という概念は特定の神経集団の活動パターンとして表現されます。このため、「今現在、床の上に座っている猫」、「昨日に屋根の上で見た猫」、「五年後に年老いた飼い猫の姿」などの、すべての場合に似たような猫の神経活動パターンを他の情報（「床」、「昨日」、「五年後」等）とバインディングさせる注意状態です。ここで脳は計算機と異なり、同一と見なせる情報表現をコピーすることはできないため、リソースの競合するバインディングした注意状態は同時に一つしか持てません。それゆえ脳内において大域的なバインディングを必要とする処理は基本的にシークエンス的にならざるを得ず、これが意識と見なされる注意シークエンスの存在理由と考えます。

なお意識は、主観的には連続しているように感じられますが、おそらくそれは幻想ではないかと推察します。なぜなら神経科学や心理学等の研究成果から見て、脳内時間はつじつまが合うように外界を説明したり、時間を伸び縮みさせたりするからです。

問い13　ヒトに自由意志はあるのですか？

自由意志という言葉の定義によりますが、仮に次のように定義するなら存在すると言ってもよいと思います。

あるヒトが複数の選択肢がある状況において、そのヒトがそれら選択肢の存在を意識的に認識できて、なおかつ、自分の脳内の状態に依存して選択肢の一つを選んだことを意識できる能力。

なおここでは、脳内の活動状態が、仮に決定的であったとしても、前記の意味において自由意志であると定義します。

栗原氏は自由意志に関わる時間順序の逆転について述べていますが、これは意識における時間順序自体がさまざまに揺らぐことから考えれば自然でしょう。

あるヒトの行動に対して社会が責任を問う場合に、自由意志の存在を仮定する必要がありますが、上記の定義であれば比較的利用しやすいと考えています。

問い14　身体性は人工知能研究に必要ですか？

身体性は、何らかの情報処理を行うシステムが外の世界とつながる情報チャネルに関わる議論であり、本来はその情報処理システムが必ずしも知的である必要はないし、動物やロボットのような身体である必要もないと考えます。仮に、ある情報チャネルを通過する情報が安定かつ扱いやすいものであれば（例えば将棋の棋譜データ）、そのチャネルの性質を議論する必要はありません。

身体性の議論では、そのチャネルにノイズや非線形性などの何らかの扱いにくい要因の存在が仮定されています。よって、その要因を逓減して扱いやすい情報を回復するための技術が必要であり、そこに知能が必要となります。理論的な知能研究において身体性は必須とは言えませんが、現実的なシステムでは情報チャネルに何らかの解決すべき要因が存在するのが一般的であり、それゆえ身体性の研究に意義があります。

問い15　シードAI（Seed AI）とは？

人工知能を起源とする技術的特異点は、狭い定義では、より高度な計算機知能を創造できるシードＡＩができたときとする説があります。この時点で計算機知能の再帰的な技術革新が急加速し始めるからです。この実現には、構造化された表現やその上での概念だけでなく、推定処理（アルゴリズム）も学習される必要があります。その方法は主に二つに分けられると考えています。

一つ目は、人工知能システム自身がトレーニングを通じてレベルアップする方法です。単純には、アルゴリズムのパラメータを調整するような学習、さらに、遺伝的プログラミングによって処理の組合せを探索したりする方法もあります。最近ではニューラルチューリングマシン（neural Turing machine）を用いたりする方法があります。いずれにしても、これらは多数の既存研究の延長線上にあります。

二つ目は、人工知能システムをプログラミングする研究者を人工知能として作る方法です。実は一九八〇年ぐらいまでこうした自動プログラミングを目指した野心的な研究が存在したのですが、成功に至らず一九九〇年代以降は途絶えています。これをなしうる人工知能は、タスク領域について理解し、そこで問題を解決するための知能をモデル化し、プログラムとして実装する能力を持つ必要があります。これは外部世界の現象を観察して自然言語により表現する能力と同根です。つまり真の言語理解が実現されない限り自動プログラミングの実現は難しいですが、先の自己改変の方法よりも生み出される人工知能の自由度が高くなる点で優れているでしょう。

問い16　人工知能の将来は？

人工知能はすでに社会に広く浸透し始めていますが、今後さらにその度合いを増してゆくでしょう。主に西田氏が指摘したような実質的な人工知能による社会の制御は、もともとはヒト自身が作り出した理想を人工知能の強力な計算能力をもって体現しているという面が強く、ヒトの自立性を静かに奪ってゆく人間性へのリスクについても考えておくべきでしょう。一方で、人類にとっては、環境問題、食糧問題などのグローバル課題が山積しています。これらが危機的レベルに達した際に、高度な人工知能の利用は、その解決をもたらす有力な選択肢の一つとなりえます。

なお、計算機知能の限界は、ヒトの脳のレベルに縛られるものではなく、それを超えた後も進展が続くでしょう。しかし、究極に汎用的な人工知能（ユニバーサル人工知能）は、明らかに有限な計算量では実現不能であるため、物理環境制約内で最大限の汎用性を発揮する人工知能が究極の姿であると考えています。私はこれをフィジカルＡＩ（Physical AI）と呼んでいますが、もはやそれは人手によっては研究開発されないため、フィジカルＣＩ（Physical CI）（物理的計算機知能）と呼ばれるようになるかもしれません。

技術的特異点後において、ヒトを超えた人工知能と人類が共存する社会像として、私はＥＰＩＡ（ecosystem of public intelligent agents）というコンセプトを考え始めています。ここでは、人類の幸福と存続の両立を目指す公共財としての多様な人工知能（ジェネラリストやスペシャリスト人工知能を含む）が存在し、人類とともに生態系を構築しています。この生態系は大自然のようなものであり、この中の人工知能が生み出した恵みはあまねく人類に分配されますが、人々はその生態系を完全には理解したり制御したりはできないといったものです。いずれにしても、人類は世界をより良く変えるために急速に発展する人工知能とともにいかに歩んでゆくかを考えてゆく必要があるでしょう。

電気通信大学教授でドワンゴ人工知能研究所客員研究員でもある栗原聡先生の専門は、脳神経細胞ネットワークや交通・物流システム、ウェブ、ソーシャルメディアなどに現れる複雑ネットワーク構造の研究です。空気を読んで、人と心地よい対話ができる人工知能「Aung-AI（あうんＡＩ）」も研究しています。

人工知能の対象には、アリやハチのような集団型生物が見せる群れとしての知能（社会的知能）も含まれるという栗原先生にとって、二〇〇〇億個の脳神経細胞が結びついた複雑ネットワークが創発する個人の意識や自我も、人々が社会的生活を営むことで創発される地域コミュニティや社会・国家も、基本原理は同じです「**問い2**」。では、知能とは何かというと「適応」する能力です。人とアリの知能にはレベルの違いがあるものの、それはハードウェア（脳や身体機能）の差にすぎず、脳が持つネットワークのスケールが違うだけで、知能を創発させる基本原理は同一だというのです「**問い9**」。

身体を構成する細胞は数か月ですべて入れ替わるにもかかわらず「自分」という一貫した意識を持ち続けるのは、お互いに社会的存在として他者との関係性を持続するために有効で、そうした意識が顕在化するのは人が生き残るための戦略の一つだというのが栗原先生の見解です「**問い4**」。

What's AI?
人工知能とは
複雑ネットワークシステムによって創発される知能

栗原　聡

これまでに、十二名の第一線で活躍している人工知能研究者らによる、人工知能に対する熱い思いが語られた本書も、いよいよ最終章となりました。最終章を担当するのは極めて荷が重いところではありますが、次の書籍への橋渡しという意味でも現編集長にて本書を完結させていただくこととしました。

問い1　人工知能とは何ですか？

この設問についての見解はほぼみな共通しており、「人工的に（工学的に）作られた知能」という定義です。もちろん、その知能のレベルについては、「新しい概念としての知能」や「人を超える知能」などさまざまです。著者としても自然と湧き上がるイメージは「工学的に作られる知能」であり、その知的レベルは人を超えるものを想像しています。ただし、それだけではなく、アリやハチといった集団型生物が見せる知的振舞いの原理を、群ロボット制御等に工学的に利用し、「群れ全体としての知性」を創発させる仕組みに基づいて工学的に作られる知能等も、人工知能であると考えています。

問い2　社会的知能とは何ですか？

集団型生物が見せる群れとしての知能は、人間社会においては「社会的知能」などと呼ばれます。では、社会的知能なるものは本当に存在するのでしょうか。他の著者の回答に、「人が社会で生きていく上で必要な能力であり、集合知という考え方と類似する。またウェブは社会的人工知能ではなく、データの蓄積にすぎない」という意見がありました。人が社会生活を営むための知能という定義であることから、その著者においては、知能はやはり人に存在するという立場です。

これに対して、著者は**問い1**でも述べたように、集団型生物の振舞いの総体として個々の個体の能力を超える高いレベルの機能が創発される場合においても、「集団としての知能が創発した」ととらえています。一見、人が創発する知能と社会が創発する知能が別々に存在するように思えますが、著者は両者の基本原理は同一という立場です。二〇〇〇億個もの脳神経細胞と、それらがお互いに結合することで構成される大規模複雑ネットワークが創発する意識・自我といった機能との関係や、細胞と臓器と身体との関係、また、個々人の振舞いと人々が社会的生活を営むことで創発される地域コミュニティや社会・国家などの関係には次のような共通点があります。すなわち、個々の階層は、「その階層を構成する要素集合のネットワーク」として表現され、要素間の相互作用の総体として、その階層の一つ上位層に相当するネットワークとしての「メタな振舞い」が創発されるという図式です（図13・1）。そして、興味深いのは、階層が階層を創発する関係にありながら、個々の階層におけるダイナミクスは階層ごとに独立しており、個々の階層にて流れる時間の粒度も階層ごとに異なるということでしょう。例えば、我々の意識は明らかに脳神経細胞ネットワークが創発するメタな機能であるものの、我々は個々の神経細胞を意識することはできません。現在において、このような階層構造を理解・構築・制御する工学的な方法論は確立されておらず、これを実現できれば、より効率的な社会システム設計等が可能になると思います。

問い3　人工知能研究とは？

この設問に対しても、本書著者においてほぼ共通した見解であり、「人工知能を構築する過程をとおして構成的手法で知能とは何かの解明を目指す研究」という定義となっています。著者も同意するところですが、構成論的アプローチのとらえ方においては温度差があります。まずは作って動かし、それを分析することを繰り返しつつ目的に向かうというのが構成論的アプローチです。まさに生命・人の知能

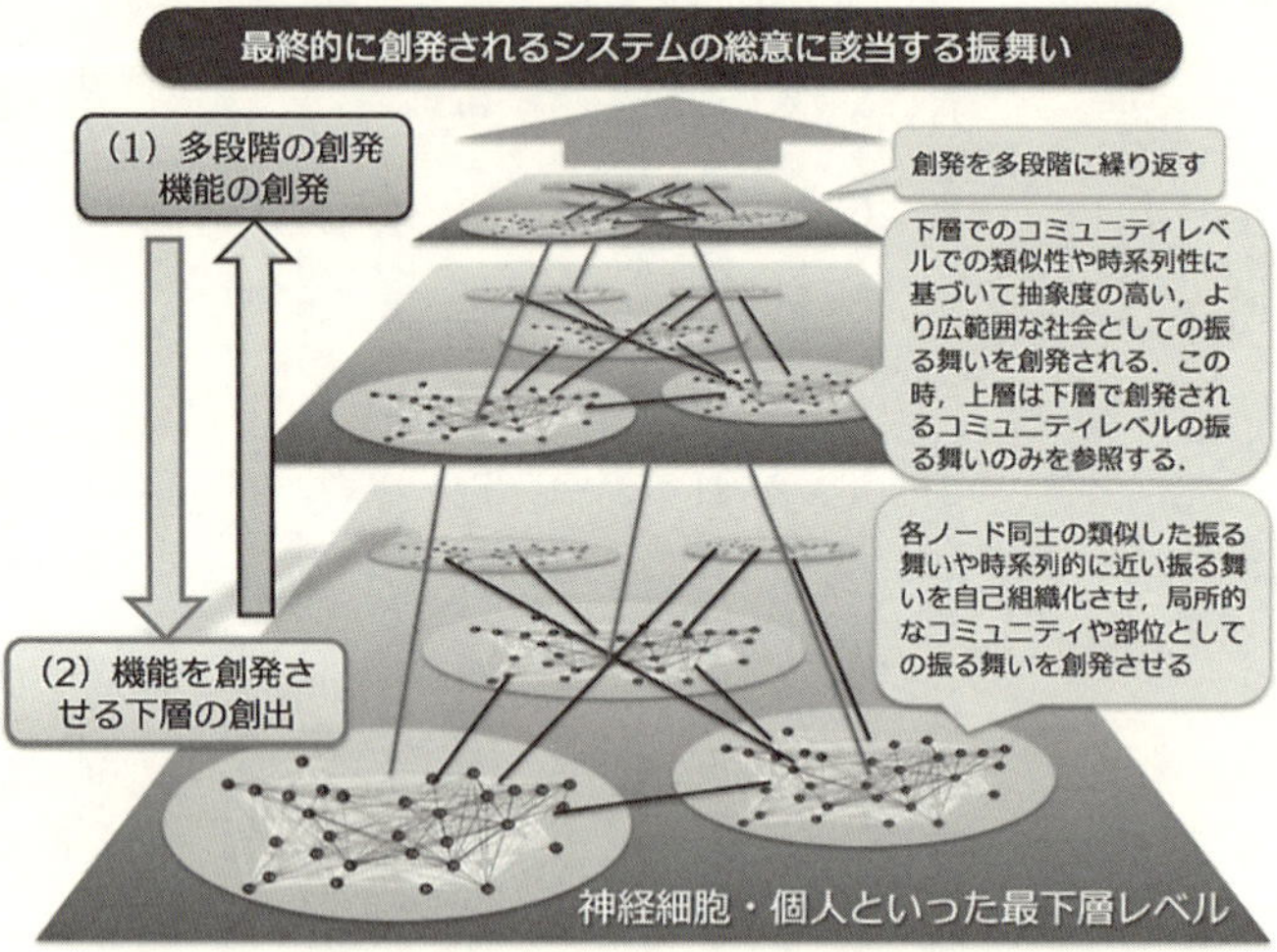

図 13.1　最終的に創発されるシステムの総意に該当する振舞い

は進化という構成論型のプロセスにて獲得されたものでしょう。生命においては生き残ることが目的であることから、構成論型アプローチという解釈でよいのだと思います。しかし、人工知能システムを構築するためには、構築するシステムの何らかの目的がまず最初にあるわけで、意図した機能もしくは能力を持つ人工知能を構築するとなると、**問い2**にて述べたように、構成論型アプローチのみでは困難なのだと思います。すなわち目的とする機能を持つシステムを構築するためのトップダウン的なデザインというアプローチも必要となるでしょう。

問い4　意識とは?

「計算のプロセス」、「大脳の動きを大脳が認識する再帰的状態」などさまざまな意見がありますが、著者の回答としては、「生命活動を細胞レベルの時間粒度を超えたスケールにて時間軸方向で安定化させるために神経細胞ネットワークにて創発される現象」としたいと思います。上述したように、生命システムにおける階層構造では、下層になるにつれて時間粒度が細かくなります。例えば、我々の身体を構成する細胞は数か月ですべて新しい細胞に入れ替わっている、つまり、昨年と今年の自分の身体は、実際同じではないにもかかわらず、「自分」という一貫した意識を持ち続けることができます。そしてこの機能が、人という種を維持させるために有効であったのだと思います。人間同士が互いに関わり合い、そしてお互いに社会的な存在として、その関係を維持するためには、各自が一貫して自分であるという意識を持ち続けることが必要であり、「意識」という現象を創発させるしくみを獲得したのは、人が自然界にて絶滅することなく生き残るために重要な出来事だったのだと考えられます。

ただし、ここでの意識は、**問い7**でも言及しますが「顕在意識」としての意識です。顕在意識であれ潜在意識であれ、意識される内容は五感や他とのインタラクションをとおして得られる電気信号レベルの膨大な情報ではなく、それらが抽象化されたものです（我々は脳細胞ひとつひとつの挙動を意識することはできません）。そして、抽象化されたとはいえ膨大な潜在意識のすべてが顕在化すれば我々は混乱してしまうであろうことから、他者との関係を持続させるに必要な最低限度の潜在意識が顕在化するように進化したのではないかと考えています。つまりは他者とのインタラクションを円滑に行うための仕組みと解釈することができるのではないでしょうか。

問い5 心を持つメカに必要なものは?

前記、意識の必要性の観点から考えますと、心を持つメカに必要なものは、そのメカ自体が、人が心という現象を創発させるのと同一のメカニズムを持つ必要はないものの、他者の心を認識でき、また他者に、自分に心があることを認識させる機構があればよい、ということになります。ただし、「他者の心を認識でき、また他者に、自分に心があることを認識させる機構」を構築するに際し、人での仕組みと大きくかけ離れた原理となることは考えにくいと思います。人が心を生み出す基本原理を解明し、その基本原理に基づいたさまざまな実装、ということになるのだと思います。表面的なレベルであれば、実現できると考えられるし、他の著者の回答も大方共通です。しかし、ちょっとした表情の変化に表れる心の動きのような深いレベルまでを構築するとなると、やはり人を理解することが必要となるでしょう。極めて難しい課題です。無論、心を持つメカをそもそも作ってもよいのか、という重要な倫理的な課題もありますが、これについては後述します。

問い6 知識とは何ですか?

この設問になると回答もさまざまですが、社会を維持するために社会の記憶を伝搬するメディアという意見が主流です。確かに、我々がお互いに共有する知識という意味においてはメディアというとらえ方でよいと思いますが、脳という観点での知識は「メディア」というより「状態」というとらえ方のほうが好ましいと考えています。脳における記憶のメカニズムも徐々に解明されつつありますが、ハードディスクに記録されるデータのような離散的なものではなく、神経細胞ネットワークの結合状態と発火パターンといったダイナミクスとして保存される状態のようなものでしょう。つまり脳においては、知能と知識に関する処理において明確な差はないと考えています。脳の活動における脳神経細胞ネットワークのさまざまな興奮のパターンが最終的に顕在意識化し、言葉として登場する仕組みということになります。ある言葉、例えば「山」についての知識といっても、山という単語を聞いたときに頭でイメージされる山は人それぞれでしょうし、これまでの人生におけるさまざまな経験や思い出が顕在意識として想起されるのではないでしょうか。

問い7　人に自由意志はあるのでしょうか?

運転中に人が飛び出してきた。ブレーキを踏み、車を止めた。このとき、人は「人が出てきたのでブレーキを踏んだ」と言いますが、実際は、人が飛び出してきて危ないと意識したときには、すでにブレーキを踏んでいるのです。つまり危ないと意識するより前に脳はブレーキを踏むという指令を出しているのです。それにもかかわらず、我々の脳は、この時間順序を逆転させ、危ないと認識したのでブレーキを踏んだと錯覚させているのです。このときの意識は顕在意識であり、顕在意識は氷山の一角と考えられており、この下の膨大かつさまざまな潜在意識が並列に機能しています。ブレーキを動作させたのは潜在意識なのです。とすれば、人の顕在意識レベルにおいての自由意志はありませんが、潜在意識のレベルであれば自由意志はあるということになります。なぜこのような仕組みが獲得されたのかは不明ですが、より巧妙にかつ社会的な存在として生き残るのに有利な機能であったということなのでしょう。膨大な情報がすべて顕在意識化すれば人は混乱するでしょうから、必要最低限の潜在意識を顕在化させることが安定化につながります。社会的な存在ともなれば、他者とのインタラクションというさらにやっかいな情報も処理する必要が発生するため、潜在意識の中で重要なものだけを顕在意識化させる仕組みが有利に機能したのだと推察できます。一方、顕在意識においての自由意志はないとされますが、ある行動を開始し、それを遅れて顕在意識として認識できてから、その行動を停止したり修正することは可能という意見もあります。ただし、これは脳の機能的な面からの見方です。人という単位で見れば、脳としては顕在意識はモニターのようなものですが、そうであっても、「自由意志で行動している」と錯覚する仕組みが進化により獲得されたものである以上、自由意志はあるという回答が自然でしょう。

問い8　身体性は必要ですか?

この設問については各著者によって意見が大きく分かれていますが、著者は「必要である」という立場です。なぜ必要なのか？　ということですが、それは「制約を課すため」に必要であると考えています。なぜ制約を課すのかと言えば、それは、制約が動きに偏りを発生させ、自己組織化といった創発現象を引き起こすからです。身体が存在することで、境界が発生し、他と接触するといったインタラクションが発生します。ここでの身体とは必ずしも生体的な意味での身体ということではありません。義手をつけ、生体的な意味での手のように意識することができる人にとっては、無論、義手も身体の一部です。

生物にとって、知能の創発と身体性は表裏一体の関係にあるのではないかと考えています。では、人工知能にとっても身体性が必要なのでしょうか？　いわゆるロボットは物理的な制約を発生させますが、ネット空間で機能するソフトウェアエージェントには物理的な身体はないではないか、という指摘もできるかもしれません。それでも、他のソフトウェアとのインタラクションを行うためのＡＰＩやポート番号を用意するなど、仮想的な身体があると見ることができます。オブジェクト指向も、情報を身体化させるための方法であると言えるでしょう。ただし、これらすべては身体性を必要とする我々が考え出した仕組みであるからであり、我々の知能を超えたシンギュラリティ後の人工知能においては、インタラクションをする対等な相手はおらず、身体性は不要なのかもしれません。

問い9　知能とは何ですか?

さて、いよいよこの設問ですが、大方共通した回答となっており、著者も同じくズバリ「適応」する能力としたいと思います。ただし、人のようなレベルの高い知能からレベルは低いもののアリのような群れとして創発する知能まで、さまざまな知能が存在します。それでも、知能を創発させる基本原理は人もアリも同一であり、創発させるデバイス（脳や身体機能）の差が、創発される知能の差となって現れるのだと考えています。とはいえ、アリと人ではその知能レベルは大きく異なります。アリを大量に集めても人レベルの知能は創発されないと思います。決定的に異なるのは、神経細胞の量は無論なのですが、神経細胞同士のネットワーク構造のスケールの違いが、レベルの異なる知能を創発させる重要な要因なのだと思います。

他学会ではありますが、一〇年ほど前に「ネットワークが創発する知能研究会」を発足させました。背景は次のようなものでした。

近年、自然界に存在するネットワークから人工的に組織されたネットワークに至るさまざまなネットワークがスケールフリー構造を有していることがわかってきた。[1] それは、ネットワークの構造がスケールフリーであることが、何らかの意味でそのネットワークにとって好ましいということを意味している。例えば、マルチエージェント協調問題において、各エージェントの構造が同じであってもエージェント間にて構成するネットワーク構造がスケールフリーであることによって、階層構造では発現しないような知的協調効果が創発されるとすれば、まさに「ネットワークが知能を創発させている」と言うことができる。一方、集合知や群知能、スウォームインテリジェンス（swarm intelligence）のように、多数の低機能自律主体の行動から創発する全体的知能に関する研究も盛んであり、これらの研究分野においても各要素が形成するネットワーク構造は重要な意味がある。興味深いのは、スケールフリーなどのネットワーク構造に着目しているのが、コンピュータネットワークや社会学などに携わる研究者だけでなく、物理、化学、生物、薬学などさまざまな分野の研究者であることだ。例えば、コンピュータネットワークでの解析手法が化学反応ネットワーク解析に利用できる横型の展開の可能性が考えられ、また、異分野間に共通する根本的な原理が発見される可能性も考えられる。

1 ― 一部のノード（頂点）に多数のリンク（枝）が集中しているネットワークのこと。次数分布はベキ乗則に従う。

13

つまり、アリと人の知能のレベルの差は、脳が持つネットワークのスケールの違いということになります。特にスモールワールドネットワーク[2]における高いクラスター性とショートカットの持つ特性が重要です。そして、これらネットワークの特性と並んで知能を創発させるための重要な特性が「我々生命体を構成する独特な階層構造」です。

近年注目されているディープラーニング（深層学習：deep learning）法（多層ニューラルネットワーク）ですが、これを特徴づける機能として「多層構造による抽象化能力」があります。実環境において生き抜くためにより巧妙に行動するためには、膨大な情報から、本質的な特徴や概念を学習できる能力が必要です。そのために重要な機能が、実世界から入手される膨大な情報をまとめる「抽象化能力」であり、多層ニューラルネットワークがこの抽象化能力を有している可能性があります。複雑な情報を抽象化することで、汎用性の高い推論・予測といった機能が可能になります。その意味では、知能とは低レベルかつ大量の情報を抽象化し、抽象化された情報を記憶したり推論や予測に利用する高い適応能力を持つシステムであると考えられます。

問い10　脳科学が進展すれば人工知能研究は不要となるのでしょうか？

他の著者の意見と同じく不要とはならず、脳科学の進展と人工知能研究の進展は相補的な関係であると考えています。脳の完全なエミュレーションが可能となり、人のような思考や意識を持つことも可能になったとしても、脳というデバイスが知能や意識を創発させる原理が解明されたことにはならず、エミュレートされた脳がインターネットに接続され、膨大な知識を手に入れたとしても、人の脳のレベルを大きく凌駕するように進化できるかどうかは不明でしょう。むしろ、脳というデバイスが知能や意識といった機能を創発する原理を解明し、その仕組みに基づくあるいは拡張させた仕組みを、神経細胞より高速かつ正確に動作するデバイスで構築することで人の知能を超える人工知能が実現されるのではないかと考えています。その意味では、動作原理を追求することを目的とする人工知能研究は必要です。ただし、シンギュラリティを実現させた時点で、人工知能研究は完了するということになるのかもしれ

2 — 任意の二つのノード（頂点）が少数のノードを介するだけで接続されるネットワークのこと。

ませんが……。

問い11　人工知能の将来は？

現在においても、用途を限定すれば人を超える人工知能はすでに実現されています。今後はより汎用的、強力な人工知能を目指す研究が加速すると推測されますが、負の側面にも十分注意する必要がある、というのが他の著者を含め、著者の意見です。この部分は、『人工知能学会誌』二〇一五年一月号の「編集委員企画」での著者の発言と重複することになりますが、ＡＩの知能レベルの向上は間違いなく加速し、シンギュラリティは訪れると著者は想像しています。しかし、超速度でＡＩが人の知能を抜き去ったとしても、我々は引き続き、いわゆる自由意志に従った生活を継続しているのだと思います。無論、極めて無駄のない利便性の高い豊かな生活となっていることを想像しています。よく言えば「見守られている」ということであり、うがった見方をすれば「お釈迦様の手の上」ということですが、すでに人を大きく凌駕したＡＩを我々が意識できることはなく、自由に行動できているという状態が維持されていればそれでよいとするのだと思います。現在においても、ＡＩが仕事を奪うという危惧や、それこそ、映画「ターミネーター」のような展開を危惧する意見もありますが、確かに、定常的な事務作業や規則的なデータ処理などにおいては、ＡＩが担当するケースが増えることになるでしょう。しかしＡＩに取って代わることが可能な仕事は、我々においても実は面倒なタスクなのであり、人のすべき仕事は徐々に創造的作業や、選択するといった類いに変化するのだと思います。つまりは、ＡＩは人と共生する関係になっていくのだと想像しています。この部分においても、他著者の意見は大方共通しています。ただし、これからＡＩも進化しますが、我々人も進化することを忘れてはなりません。著者が生まれた頃はインターネットはありませんでした。今の若者は生まれたときからインターネットが生活の一部となっています。当然、物の見方や、友人、コミュニティに対するとらえ方は大きく異なっているはずであり、**問い6**において述べたとおり、お互いに「友人」という言葉を使うものの、脳において意識されるその実態は大きく異なっており、現在においてもお互いがお互いの異なる背景の上に会話しているわけですが、今後はその乖離が極めて大きくなり、真にお互いが理解し合う会話を維持するためにＡＩが仲介に入る、といった展開も想像されます。これから先、人工知能が日常生活に浸透し、遍在化が加速するでしょう。そして、すべての人が生まれたときからインターネットとＡＩが生活の一部である状態となるでしょう。ＡＩの進化に呼応して人も進化します。果たして一〇年、二〇年後の我々はお互いにどのようにインタラクションしているのでしょうか……人と機械はどのようにインタラクションしているのでしょうか……。

索引

た行

な行

執筆者紹介

中島 秀之（なかしま ひでゆき）

一九八三年、東京大学大学院工学研究科情報工学専門課程修了。工学博士。同年、工業技術院電子技術総合研究所入所。二〇〇一年より産業技術総合研究所サイバーアシスト研究センター長、二〇〇四年より公立はこだて未来大学学長。認知科学会元会長、日本ソフトウェア科学会元理事、人工知能学会元理事・フェロー、情報処理学会元副会長・フェロー。マルチエージェントシステム国際財団元理事、日本工学アカデミー、電子情報通信学会、日本学術会議連携各会員。未踏ソフトウェア元ＰＭ、さきがけ総括。

西田 豊明（にしだ とよあき）

一九七七年、京都大学工学部卒業。一九七九年、同大学院修士課程修了。一九九三年、奈良先端科学技術大学院大学教授、一九九九年、東京大学大学院工学系研究科教授、二〇〇一年、東京大学大学院情報理工学系研究科教授を経て、二〇〇四年、京都大学大学院情報学研究科教授、現在に至る。工学博士。会話情報学、原初知識モデル、社会知のデザインの研究に従事。日本学術会議連携会員（二〇〇六年〜）、情報処理学会フェロー、電子情報通信学会フェロー、人工知能学会会長（二〇一〇年〜二〇一一年）。

溝口 理一郎（みぞぐち りいちろう）

一九七七年、大阪大学大学院基礎工学研究科博士課程修了。工学博士。大阪大学産業科学研究所助手、助教授、教授を経て、二〇一二年より北陸先端科学技術大学院大学サービスサイエンス研究センター教授。音声の認識・理解、エキスパートシステム、知的学習支援システム、オントロジー工学の研究に従事。一九八五年、Pattern Recognition Society 論文賞、一九八八年、電子情報通信学会論文賞、一九九六年、人工知能学会創立一〇周年記念論文賞、一九九九年・二〇〇六年、ICCE Best paper Awards、二〇〇五年、大川出版賞（オントロジー工学）、二〇〇六年、人工知能学会論文賞、二〇〇九年、人工知能学会功績賞、二〇一〇年、教育システム情報学会論文賞、二〇一三年、ＬＯＤチャレンジ二〇一二ライフサイエンス賞受賞。人工知能学会編集委員会委員長、教育システム情報学会編集委員長、Intl. AI in Education (IAIED) Soc.President、APC of AACE President、J. of Web Semantics Editors-in-Chief、Semantic Web Science Assoc.Vice-President を歴任。現在、IEEETLT と ACM TiiS の Associate エディタ。人工知能学会会長（二〇〇六年〜二〇〇八年）。

長尾 真（ながお まこと）

一九六一年、京都大学大学院工学研究科電子工学専攻修士課程修了。京都大学工学部助手、助教授を経て、一九七三年、教授。工学博士。画像処理、言語処理、機械翻訳、電子図書館研究などに従事。一九九七年、京都大学総長、二〇〇四年、情報通信研究機構理事長。国立国会図書館長（二〇〇七年〜二〇一二年）。日本国際賞、レジオンドヌール勲章、その他多数受賞。文化功労者。

堀 浩一（ほり こういち）

一九七九年、東京大学工学部電子工学科卒業。一九八四年、同大学院博士課程修了。工学博士。同年、国立大学共同利用機関国文学研究資料館助手、一九八六年、同助教授、一九八八年、東京大学先端科学技術研究センター助教授、一九九七年、同大学院工学系研究科教授。二〇一五年より、東京大学附属図書館副館長を兼務。人工知能学会、電子情報通信学会、情報処理学会、日本ソフトウェア科学会、日本認知科学会、ＩＥＥＥ、ＡＣＭ各会員。人工知能学会会長（二〇〇八年～二〇一〇年）。

浅田 稔（あさだ みのる）

一九八二年、大阪大学大学院基礎工学研究科博士後期課程修了。博士（工学）。一九九五年、大阪大学工学部教授、一九九七年、大阪大学大学院工学研究科知能・機能創成工学専攻教授となり、現在に至る。一九九二年、IEEE/RSJIROS-92 Best Paper Award、一九九六年・二〇〇九年、日本ロボット学会論文賞、二〇〇一年、文部科学大臣賞・科学技術普及啓発功績者賞など、多数受賞。日本赤ちゃん学会理事、ロボカップ日本委員会理事、RoboCup 国際委員元プレジデント。

松原 仁（まつばら ひとし）

一九八一年、東京大学理学部情報科学科卒業。一九八六年、同大学院工学系研究科情報工学専攻博士課程修了。工学博士。同年、通産省工業技術院電子技術総合研究所（現 産業技術総合研究所）入所。二〇〇〇年、公立はこだて未来大学教授。二〇一六年より同大副理事長。人工知能全般、ゲーム情報学、観光情報学などに興味を持つ。著書に、『将棋とコンピュータ』（共立出版）、『鉄腕アトムは実現できるか』（河出書房新社）、『先を読む頭脳』（新潮社）、『一人称研究のすすめ』（近代科学社）など。情報処理学会理事、観光情報学会理事、人工知能学会会長。

武田 英明（たけだ ひであき）

一九八六年、東京大学工学部卒業。一九八八年、同大学院工学系研究会修士課程修了。一九九一年、同博士課程修了。工学博士。ノルウェー工科大学、奈良先端科学技術大学院大学を経て、二〇〇〇年、国立情報学研究所助教授。二〇〇三年、同教授。同学術コンテンツサービス研究開発センター長（二〇〇六年～二〇一〇年）、東京大学人工物工学研究センター寄付研究部門教授（二〇〇五年～二〇一〇年）。設計学、知識共有、セマンティックウェブ、ウェブ情報学などの研究に従事。人工知能学会からは、二〇〇七年、人工知能学会功労賞を受賞。電子情報通信学会、情報処理学会、精密工学会、ＡＡＡＩ、Design Society などの会員。

池上 高志（いけがみ たかし）

一九八九年、東京大学大学院理学系研究科物理学修了。理学博士。現在は、東京大学広域科学専攻教授。複雑系と人工生命を研究テーマとし、一九九八年以降には、身体性の知覚、進化ロボットの研究を展開。二〇〇五年以降は、油滴の自発運動の化学実験とともに、Filmachine、Mind Time Machine などのインスタレーションも行うようになった。その成果の一部を「動きが生命をつくる」（青土社）として出版。現在は、ウェブシステムの進化、仮想空間での他者性の計測などを研究。日本物理学会員、日本人工知能学会員。主な発表場所は、人工生命国際会議。

松尾　豊（まつお ゆたか）

一九九七年、東京大学工学部電子情報工学科卒業。二〇〇二年、同大学院博士課程修了。博士（工学）。同年より、産業技術総合研究所研究員、二〇〇五年、スタンフォード大学客員研究員を経て、二〇〇七年より、東京大学大学院工学系研究科准教授、二〇一四年より、東京大学大学院工学系研究科技術経営戦略学専攻グローバル消費インテリジェンス寄付講座共同代表・特任准教授。専門分野は、人工知能、ウェブマイニング、ビッグデータ分析。人工知能学会からは、二〇〇二年、論文賞、二〇〇六年、創立二十周年記念事業賞、二〇一一年、現場イノベーション賞、二〇一三年、功労賞の各賞を受賞。人工知能学会学生編集委員、編集委員を経て、二〇一〇年から、副編集委員長、二〇一二年から、編集委員長・理事、二〇一四年より、倫理委員長。

山口高平（やまぐち たかひら）

一九七九年、大阪大学工学部通信工学科卒業。一九八四年、同大学院工学研究科博士後期課程修了。工学博士。同年、大阪大学産業科学研究所助手、一九八九年、静岡大学工学部助教授、一九九七年、同大学情報学部教授、二〇〇四年より、慶應義塾大学理工学部教授。二〇一五年より、慶應義塾大学先導研究センター「人工知能・ビッグデータ研究開発センター」センター長。定理証明、知識システム、データマイニング、オントロジー，ＬＯＤ、知能ロボットに関する研究に従事。二〇〇七年、大川出版賞、二〇一四年、人工知能学会功績賞。電子情報通信学会、情報処理学会、ＡＡＡＩ、IEEE-CSなどの会員。人工知能学会会長（二〇一二年～二〇一四年）・現顧問。

山川宏（やまかわ ひろし）

一九八九年、東京大学大学院理工学系研究科物理修士課程修了、一九九二年、同大学院工学系研究科電子博士課程修了。工学博士。同年、株式会社富士通研究所入社後、センサフュージョン、ＲＷＣプロジェクトに参加。現在、株式会社ドワンゴ人工知能研究所所長、産業技術総合研究所客員研究員、電気通信大学大学院情報システム学研究科客員教授。概念学習、認知アーキテクチャ、教育ゲーム、ニューロコンピューティングなどの研究に従事。電子情報通信学会、日本認知科学会、日本神経回路学会、日本テニス学会の各会員。人工知能学会理事、人工知能学会誌編集委員長。

栗原　聡（くりはら さとし）

一九九二年、慶應義塾大学大学院理工学研究科計算機科学専攻修士課程修了。同年、日本電信電話株式会社入社、基礎研究所を経て、未来ねっと研究所に所属。一九九八年から、慶應義塾大学大学院政策・メディア研究科専任講師（有期）。現在、同大学環境情報学部非常勤講師。二〇〇四年、大阪大学産業科学研究所知能システム科学研究部門准教授（同大学院情報科学研究科情報数理学専攻准教授兼務）、二〇一三年から、電気通信大学大学院情報システム学研究科教授。博士（工学）。マルチエージェント、ネットワーク科学などの研究に従事。二〇一四年度から、人工知能学会誌編集長。著書に、『社会基盤としての情報通信』（共著、共立出版）。翻訳に、『スモールワールド』（共訳、東京電機大学出版局）、『群知能とデータマイニング』（共訳、東京電機大学出版局）など。編集書に、『*Emergent Intelligence of Networked Agents*』（Springer in Computational Intelligence Series）など。情報処理学会、日本ソフトウェア科学会、電子情報通信学会、人間情報学会、ＡＣＭ、ESHIA各会員。

人工知能とは

2016 年 5 月 31 日　初版第 1 刷発行

監修者　人工知能学会
編著者　松尾 豊
共著者　中島 秀之・西田 豊明・溝口 理一郎・長尾 真・堀 浩一・浅田 稔・松原 仁・
　　　　武田 英明・池上 高志・山口 高平・山川 宏・栗原 聡
発行者　小山 透
発行所　株式会社 近代科学社
　　　　〒162-0843　東京都新宿区市谷田町 2-7-15
　　　　電話 03-3260-6161　振替 00160-5-7625
　　　　http://www.kindaikagaku.co.jp

大日本法令印刷　　ISBN978-4-7649-0489-7
定価はカバーに表示してあります.